国家级技工教育规划教材

全国技工院校环境保护与检测类专业工学一体化教材

化学实验室技术安全实务

主　编　李椿方

副主编　王玲玲　秦　静

编　者（以姓氏笔画为序）

王玲玲　（北京市城市管理高级技术学校）

朱国军　（中山市技师学院）

李振梅　（山东技师学院）

李椿方　（北京市工业技师学院）

张广敏　（济宁技师学院）

陈　璐　（北京市工业技师学院）

秦　静　（北京市工业技师学院）

主　审　杨明明　（山东化工技师学院）

罗思宝　（四川理工技师学院）

中国劳动社会保障出版社

图书在版编目(CIP)数据

化学实验室技术安全实务/李椿方主编. -- 北京：中国劳动社会保障出版社，2023
全国技工院校环境保护与检测类专业工学一体化教材
ISBN 978-7-5167-5791-8

Ⅰ.①化… Ⅱ.①李… Ⅲ.①化学实验-实验室管理-安全管理-技工学校-教材 Ⅳ.①O6-37

中国国家版本馆 CIP 数据核字(2023)第 089384 号

中国劳动社会保障出版社出版发行
(北京市惠新东街 1 号 邮政编码：100029)
*
北京市白帆印务有限公司印刷装订 新华书店经销
787 毫米×1092 毫米 16 开本 15.5 印张 285 千字
2023 年 6 月第 1 版 2023 年 6 月第 1 次印刷
定价：45.00 元

营销中心电话：400-606-6496
出版社网址：http://www.class.com.cn

版权专有 侵权必究
如有印装差错，请与本社联系调换：(010) 81211666
我社将与版权执法机关配合，大力打击盗印、销售和使用盗版图书活动，敬请广大读者协助举报，经查实将给予举报者奖励。
举报电话：(010) 64954652

总前言

为了深入贯彻党的二十大精神和习近平总书记关于大力发展技工教育的重要指示精神，落实中共中央办公厅、国务院办公厅印发的《关于推动现代职业教育高质量发展的意见》，推进技工教育高质量发展，全面推进技工院校工学一体化人才培养模式改革，适应技工院校教学模式改革创新，同时为更好地适应技工院校环境保护与检测类专业的教学要求，全面提升教学质量，我们组织有关学校的一线教师和行业、企业专家，在充分调研企业生产和学校教学情况、广泛听取教师意见的基础上，吸收和借鉴各地技工院校教学改革的成功经验，组织编写了本套全国技工院校环境保护与检测类专业教材。

总体来看，本套教材具有以下特色：

第一，坚持知识性、准确性、适用性、先进性，体现专业特点。教材编写过程中，努力做到以市场需求为导向，根据环境保护与检测行业发展现状和趋势，合理选择教材内容，做到“适用、管用、够用”。同时，在严格执行国家有关技术标准的基础上，尽可能多地在教材中介绍环境保护与检测行业的新知识、新技术、新工艺和新设备，突出教材的先进性。

第二，突出职业教育特色，重视实践能力的培养。以职业能力为本位，根据环境保护与检测类专业毕业生所从事职业的实际需要，适当调整专业知识的深度和难度，合理确定学生应具备的知识结构和能力结构。同时，进一步加强实践性教学的内容，以满足企业对技能型人才的要求。

第三，创新教材编写模式，激发学生学习兴趣。按照教学规律和学生的认知规律，合理安排教材内容，并注重利用图表、实物照片辅助讲解知识点和技能点，为学生营造生动、直观的学习环境。部分教材采用工作手册式、新型活页式，全流程体现产教融合、校企合作，实现理论知识与企业岗位标准、技能要求的高度融合。部分教材在印刷工艺上采用了四色印刷，增强了教材的表现力。

本套教材配有习题册和多媒体电子课件等教学资源，方便教师上课使用，可以通过技工教育网（http://jg.class.com.cn）下载。另外，在部分教材中针对教学重点和难点制作了演示视频、音频等多媒体素材，学生可扫描二维码在线观看或收听相应内容。

本套教材的编写工作得到了北京、河南、浙江、山东、江苏、江西、四川、广西、广东、海南等省（自治区）人力资源社会保障厅及有关学校的大力支持，教材编审人员做了大量的工作，在此我们表示诚挚的谢意。同时，恳切希望广大读者对教材提出宝贵的意见和建议。

本书前言

本教材按照工学一体化培养模式，依据国家职业技能标准及技能人才培养标准，以综合职业能力培养为目标，将工作过程和学习过程融为一体，旨在培育德技并修、技艺精湛的技能人才。本教材是基于《环境保护与检测专业国家技能人才培养工学一体化课程标准（试用）》编写的专业安全类通用教材。

本教材编写力求体现“学生中心、能力本位、工学一体”的职业教育理念，教材主要面向环境保护与检测行业，重在提高学生的综合职业能力，培养具有职业生涯发展基础的知识型、技能型、创新型高技能人才，以适应我国环境保护与检测事业发展的需求。

《化学实验室技术安全实务》是环境保护与检测专业的一门专业基础课程。本教材以化学检验员在化学实验室的工作内容为主线，以环境保护与检测专业代表性工作任务为分析对象，引出实验室安全基础知识和安全操作示范，以及实验室事故的应急处置对策，以提升学生安全意识和安全技能水平，进而避免安全事故发生，保障师生的人身安全，减少学校的财产损失。全教材包含三个学习模块：进入化学实验室前的安全教育、在化学实验室的安全操作、离开化学实验室前的安全巡视。本教材的主要特点：一是将化学实验室作为一个空间来考虑，以“进入—在其中—离开”的工作过程为逻辑，做到教材内容呈现与学习工作实际相符合，突出“实际”；二是由长期从事化学实验室管理运行工作的职业教育专家和企业实践专家共同提取实验室安全运行与管理中可操作、可考核的具体内容作为实训任务，突出“实务”；三是充分反映化学实验室这一教学研究空间所需要的安全基础知识和操作技能，编制了一系列适用于技工院校化学实验室使用的文本和表格，更加重视学生危险源辨识和隐患排查能力的培养和应用，突出“实用”。

本教材由北京市工业技师学院牵头，北京市城市管理高级技术学校、济宁技师学院、中山市技师学院、山东技师学院参与编写。其中，第一章由李椿方、秦静、陈璐编写，第二章由秦静、张广敏、王玲玲编写，第三章由李椿方、朱国军、李振梅编写。本教材各章内容由王玲玲统稿，李椿方审核。

在教材的编写过程中，各位参编老师付出了艰辛的劳动，提出了很多宝贵意见。在此，向为编写本教材付出艰辛劳动的全体人员表示衷心的感谢！限于作者的水平，书中难免有错误和不妥之处，敬请读者批评指正。

编者

2023 年 1 月

目 录

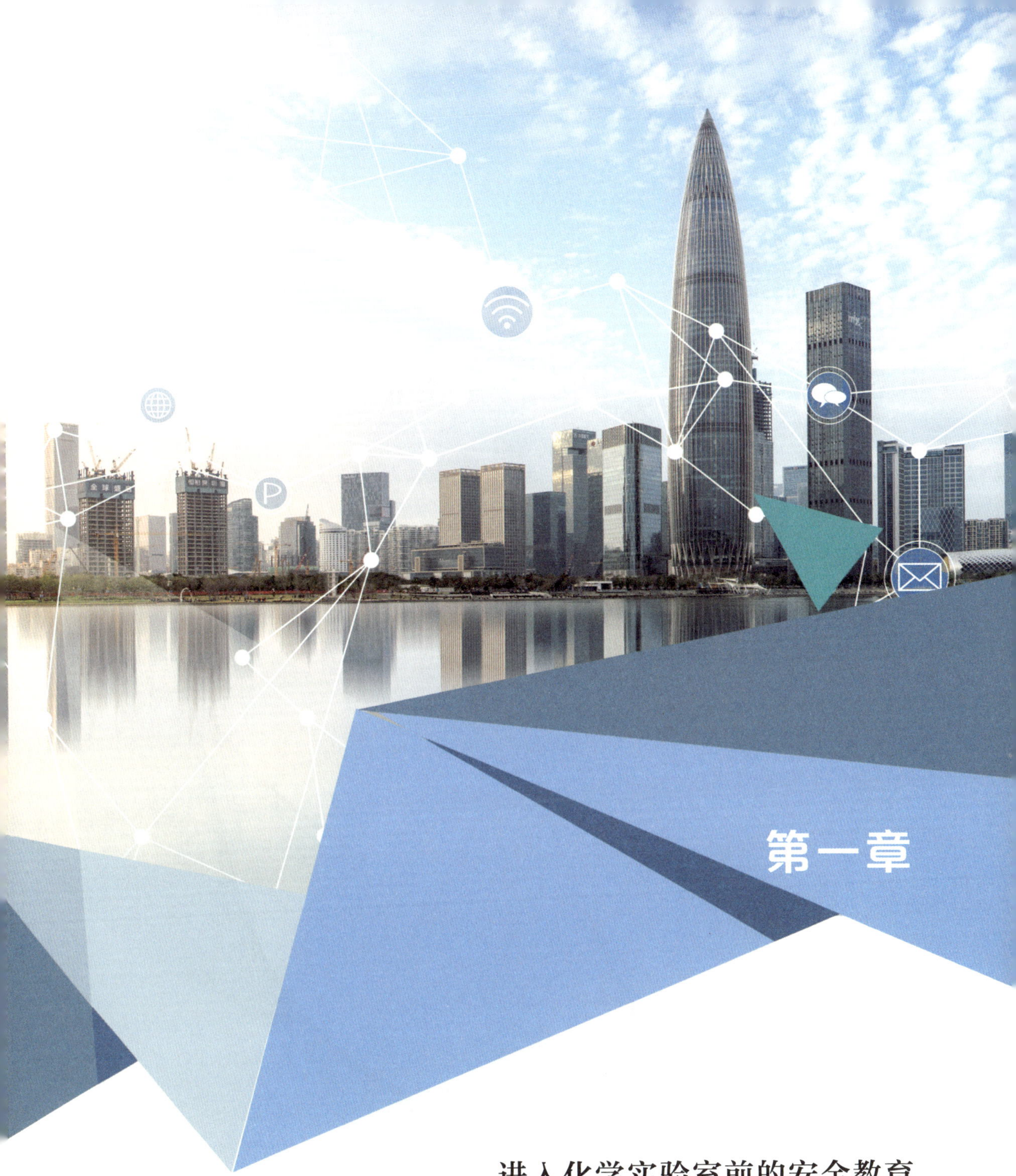

第一章

进入化学实验室前的安全教育

§1-1　实验室安全的重要性

学习目标

1. 通过学习实验室事故案例，认识实验室安全的重要性。
2. 初步形成安全第一的安全意识。
3. 了解并掌握实验室安全的规律和理念，为开展实验室工作做好准备。

化学实验室里储存、摆放着各种各样的化学试剂，用于进行各种化学实验。人们在实验过程中会接触一些易燃、易爆、有毒、有害、有腐蚀性的药品，且经常使用水、电、气、火等，易发生诸如爆炸、着火、中毒、灼伤、割伤、触电等危险性事故，造成严重的人身伤亡和财产损失。如果人们掌握实验室安全知识及安全理念，认识到正确、安全地使用化学试剂及实验仪器的重要性，在实验过程中就会提高安全意识，主动掌握实验室安全的规律和理念，尽可能地减少和避免实验室安全事故的发生。

一、认识实验室安全的重要性

技工院校的实验室是学生进行专业学习的重要场所，实验室安全是保障学生生命安全和实验操作正常进行的关键。随着实验室功能的不断完善及工学一体化改革的不断深化，学生进入实验室的时间和机会不断增多，实验室安全问题也日渐凸显。下面结合两个法则介绍实验室安全的重要性。

1. 不等式法则

不等式法则中的不等式是指 10 000－1≠9 999。安全是 1，其他因素都是 0，有了安全，就是 10 000，没有了安全，再多的 0 也没有意义。化学实验室中的操作同样适用不等式法则，安全是第一位的，失去安全一切全无，还会造成国家财产的损失，危害人民群众生命安全。所以，进入化学实验室前一定要进行安全教育，时时刻刻绷紧安全这根弦，严格遵守安全操作规程，这是保护自我生命的根本，是教育教学工作顺利进行的前提。

2. 九零法则

90%×90%×90%×90%×90%=59. 049%。安全工作不能打任何折扣，化学实验室安全教育工作 90 分不算合格。如果人人都按 90 分完成，安全实验操作执行力层层衰减，最终的结果就是不及格（59. 049 分），就会出各种安全问题。九零法则告诉人们，进入化学实验室前的安全教育力度绝不能层层递减。因此，对于化学实验室的安全教育，要将其放在化学实验操作前的重要位置，不能放松要求，不能核减课时，更不能讲解不到位，要将事故隐患消灭在萌芽状态。

二、相关安全事故典型案例及分析

1. 院校及科研机构实验室安全事故典型案例及分析

近年来，院校及科研机构实验室安全事故时有发生，造成人员伤亡，冲击人民群众和广大师生的安全感，暴露出一些院校及科研机构的实验室管理存在着安全责任不落实、管理制度不健全、危险物品安全管理不到位、实验人员违规操作、相关部门安全监管薄弱等问题。下面结合一些院校及科研机构的实验室安全事故进行分析。

2021 年 10 月 24 日，南京航空航天大学材料科学与技术学院材料实验室发生爆燃，造成 2 人死亡、9 人受伤。此次事故很可能是铝镁合金粉末爆炸引起的。简单来说，可燃粉尘在有限空间内与空气混合形成爆炸性粉尘云，在点火源作用下，粉尘云快速燃烧，并引起温度、压力急骤升高，从而发生爆炸。粉尘爆炸往往破坏力巨大，组成粉尘的物质燃烧热越大、粉尘浓度越高、粉尘颗粒越小，爆炸强度往往越高。

2021 年 7 月 27 日，中山大学药学院一名博士生在实验室清理此前毕业生留在烧瓶内的未知白色固体，用水冲洗时烧瓶炸裂。炸裂产生的玻璃碎片刺穿该生手臂动脉血管。事故原因：导致炸裂的未知白色固体可能含有氢化钠或氢化钙，遇水发生剧烈反应而炸裂。在化学实验室中，严禁私自处置不明化学药品和试剂，处置不当会造成重大损失甚至威胁生命安全。同时，严禁在未做好个人实验防护的前提下开展实验，尤其禁止未穿实验服开展实验。夏季天气炎热，穿厚厚的实验服可能不舒服，可是一旦发生事故，完备的实验装备可以让实验者少流血或者不流血。

2021 年 3 月 31 日，中国科学院化学研究所发生实验室安全事故，一名研究生当场死亡。据悉，这次事故的原因是反应釜高温高压爆炸。反应釜在实验过程中始终处于不稳定的状态，若实验过程中操作不当或者出现问题时处理不及时，反应釜就可能发生爆炸。根据实验经验，可能引起反应釜爆炸的原因有化学试剂添加错误，试剂杂质引起爆炸，反应条件设置错误，突遇停电、停水等突发情况，反应釜存在设备缺陷，反应釜打开前未冷却，周围环境有可燃物等。

2. 化工企业安全事故典型案例及分析

化工企业运用化学方法从事各类化学产品的生产，生产过程中的大多数原材料、中间产品和产品具有易燃易爆的特性，有些化学物质对人体存在不同程度的危害。化工企业生产具有易燃、易爆、易中毒、高温、高压、易腐蚀等特点，与其他行业相比，生产过程中潜在的不安全因素更多，危险性和危害性更大，因此对安全生产的要求也更加严格。随着化工生产技术的发展和生产规模的扩大，化工企业安全已经不再局限于企业自身，一旦发生有毒有害物质泄漏，不但会造成生产人员人身伤亡和国家财产损失，并且还有可能波及社会，造成群死群伤的严重事故，产生无法估量的损失和难以挽回的社会影响。

从调查结果上看，化工企业发生的安全事故大部分是违章作业和各方面的疏忽所造成的，包括设备陈旧、平时检测不到位等。

宁夏回族自治区石嘴山市安委办于 2022 年 5 月 22 日发布通报，平罗县平罗工业园区一天发生两起化工生产安全事故，共造成 4 人死亡、3 人受伤。5 月 21 日 10 时 33 分，位于平罗工业园区的平罗县鑫庆活性炭有限责任公司发生火灾，着火物质为煤焦油，致使 2 名工人死亡、3 名工人受伤。5 月 21 日 16 时 53 分，位于平罗工业园区的宁夏格瑞化工公司在维修废水罐呼吸阀过程中，由于穹顶超压，致使 2 名工人坠落死亡。经初步调查分析，两起生产安全事故均由严重违章作业引发。

2016 年 11 月 13 日 17 时 30 分左右，湖北省钟祥市大生化工有限公司硫酸厂 3 名钳工一起上脱硫塔工区进行检修，因缺氧晕倒在塔内，3 人经全力抢救无效死亡。

2015 年 8 月 31 日 23 时 22 分，山东东营利津县刁口乡滨源化学有限公司发生爆燃，死亡 13 人。事故原因为滨源化学有限公司车间负责人违章指挥，安排操作人员将硝化再分离器内含有混二硝基苯的物料向地面排放，导致起火燃烧，随后引发爆炸。

三、实验室安全的认识和规律

1. 提高实验室安全意识

化学实验室应贯彻“安全第一、预防为主、综合治理”的方针，根据自身特点建立健全内部安全管理细则，开展安全检查，对所有教师及学生进行规章制度和安全知识的宣传教育。全体人员要树立“安全第一”的实验室安全认识，遵守实验室各项安全管理规定、安全设施和仪器设备操作规程，了解实验过程中可能存在的潜在危险，在使用化学试剂、仪器前了解其危险性、危害性及发生事故时的应急处置预案。

进入实验室的所有人员要提高安全意识。实验室每一位师生都要认识到忽视安全问题的严重性和危害性，对实验操作规范、安全规章制度心怀敬畏之心，实验工作中时刻绷紧安全之弦，保持高度警觉，把控各个环节，严防事故发生。同时，还要了解并掌握本实验室各项突发情况的应急处置方法，不在实验室开展超出实验室安全配置等级或与实验操作无关的工作，充分认识实验室安全的重要性。

2. 实验室安全的规律

以下主要介绍海因里希法则和墨菲法则，通过这两个法则，使大家认识实验室安全的规律，提高安全意识，增强安全观念。

（1）海因里希法则

该法则是由美国著名安全工程师海因里希提出的，又称 1∶29∶300 法则。这个法则说明，在 330 起事故中，死亡、重伤事故为 1 起，轻伤、微伤事故为 29 起，无伤事故为 300 起。海因里希法则是通过分析工伤事故的发生概率，为保险公司的经营而提出的。这个法则可以用于企业的安全管理，同样适用于化学实验室的安全管理。1 起死亡、重伤事故背后有 29 起轻伤、微伤事故和 300 起无伤事故。如果在日常实验过程中没有排查并消除潜在隐患，将会造成无法挽回的损失。

了解海因里希法则的目的是通过对事故原因的分析，使人们不要放松安全要求，少走弯路，避免不必要的损失。进入化学实验室前要充分认识实验过程中可能存在的安全风险，做好安全防护及安全预案，不轻视每一个小隐患，将事故消灭在萌芽状态。

（2）墨菲法则

墨菲法则是一种心理学效应，于 1949 年由美国工程师爱德华·墨菲提出，亦称墨菲定律、墨菲定理等。墨菲法则主要包括 4 个方面的内容：一是任何事都没有表面看起来那么简单；二是所有的事都会比预计的时间长；三是会出错的事总会出错；四是如果担心某种情况发生，那么它就更有可能发生。墨菲法则的根本内容是“凡是可能出错的事有很大概率会出错”，指的是任何一个事件，只要具有大于零的发生概率，就不能够假设它不会发生。

要想在化学实验室中防范安全事故可能导致的恶性后果，应在思想、心理上予以高度重视，防微杜渐。小的隐患若不消除，就有可能扩大、增长，其造成事故的概率也会慢慢增大。

作为化学实验人员，不要有侥幸心理，要充分认识到实验过程中小概率事故也是会发生的，要重视实验安全，避免危险操作。同时，要加强心理健康教育，有意识地采取各种方法保护自身免受不良情绪的干扰，提升自身面对压力的调节能力，学会如何辨识风险，有效提高自己的安全操作能力，从容面对化学实验室的各项工作，避免安全事故的发生。

3. 实验室的安全理念

随着技工教育的发展，技工院校化学实验室的建设脚步也在不断加快，不仅体现在日益增多的实验室数量上，还体现在设备设施向着高、精、尖的方向迅速发展。这不仅提高了技工院校的办学质量，更显著提高了学生的技能水平。在看到发展的同时，也不要忽视存在的安全隐患，要充分认识到化学实验室安全教育的急迫性和复杂性，强化化学实验室的安全理念，提高安全意识，注重以人为本，努力实现科学、高效、可持续的发展。

（1）以人为本的安全理念

化学实验过程中，应该坚持以人为本的安全理念，坚持“安全第一、预防为主、综合治理”的方针，扎实做好实验室安全教育，健全实验室安全管理制度，明确实验室各项管理责任，做好事故应急预案，确保人员的生命安全和财产安全。化学实验室的主体是人，必须紧紧围绕以人的安全为本的核心，安全理念重于泰山。

（2）绿色环保理念

习近平总书记在党的二十大报告中指出，尊重自然、顺应自然、保护自然，是全面建设社会主义现代化国家的内在要求。必须牢固树立和践行绿水青山就是金山银山的理念，站在人与自然和谐共生的高度谋划发展。要推进美丽中国建设，就要在化学实验过程中，坚持绿色环保的理念，做好节约资源和保护环境的工作。实验过程会产生废液、废气、废渣（“三废”）等，要做好分类回收工作。对过期失效的废弃化学危险品，不能随意倾倒、掩埋，应集中妥善保管，定期处理。剧毒品残留物和剩余物必须做无害化处理。对有燃烧、爆炸、中毒和其他危险的废弃化学危险品的销毁、处理，应征得安全和环境保护部门同意后，请有资质的单位进行处理和处置。

思考与练习

一、判断题

1. 过期失效的废弃化学危险品不能随意倾倒、掩埋，应集中妥善保管，定期处理。（　　）

2. 墨菲法则指的是任何一个事件，如果具有很小的发生概率，就可以假设它不会发生。（　　）

3. 海因里希法则是通过分析工伤事故的发生概率，为保险公司的经营而提出的，不适用于化学实验室的安全管理。（　　）

4. 化学实验室的主体是人，必须紧紧围绕以人的安全为本的核心，安全理念重于泰山。（　　）

5. 化学实验过程中，要坚持绿色环保的理念，做好节约资源和保护环境的工作。（　　）

二、单项选择题

1. 在不等式法则中，10 000−1≠9 999，（　　）是 1，其他因素都是 0。

A. 实验数据　　B. 财产　　C. 安全　　D. 预防

2. 粉尘爆炸往往破坏力巨大，组成粉尘的物质燃烧热越大、粉尘浓度越高、粉尘颗粒越小，爆炸强度（　　）。

A. 越高　　B. 越弱　　C. 不变　　D. 没有影响

3. 海因里希提出（　　）法则。

A. 1∶28∶300　　B. 1∶29∶300　　C. 1∶30∶300　　D. 1∶29∶290

4. 墨菲法则的根本内容是（　　）。

A. 凡是可能出错的事一定注意不要出错

B. 凡是可能出错的事有可能不会出错

C. 凡是可能出错的事有很大概率会出错

D. 凡是可能出错的事需要格外注意

5. 化学实验过程中，应该坚持以人为本的安全理念，坚持（　　）的方针。

A. 预防为主、效益第一　　B. 以人为本、预防为主

C. 以人为本、效益第一　　D. 安全第一、预防为主、综合治理

6. 九零法则的内容是（　　）= 59.049%。

A. 90%×90%　　B. 90%×90%×90%

C. 90%×90%×90%×90%　　D. 90%×90%×90%×90%×90%

7. 剧毒品残留物和剩余物必须做（　　）处理。

A. 回收　　B. 无害化　　C. 搁置　　D. 填埋

8. 为防止误食有毒的化学药品，以下说法正确的是（　　）。

A. 可把食物、食具带进实验室

B. 在实验室内可吃口香糖

C. 使用化学药品后应先洗净双手再进食

D. 实验室内可以吸烟

9. 万一发生电气火灾，首先应该采取的措施是（　　）。

A. 打电话报警　　B. 切断电源　　C. 扑灭明火　　D. 求援

三、多项选择题

1. 反应釜可能发生爆炸的原因有（　　）。

A. 化学试剂添加错误　　B. 反应条件设置错误

B. 突遇停电、停水等突发情况　　D. 反应釜存在设备缺陷

2. 实验室的安全理念有（　　）。

A. 以人为本　　B. 追求经济效益

C. 绿色环保　　D. 保护为主

3. 本节课介绍的安全法则有（　　）。

A. 不等式法则　　B. 九零法则

C. 海因里希法则　　D. 墨菲法则

4. 以下操作可能造成实验室安全事故的有（　　）。

A. 带食物进入实验室　　B. 使用挥发性气体时未在通风橱内操作

C. 未穿着实验服进入实验室　　D. 按照实验室规章制度操作

实训 1-1　培养化学实验室安全意识

一、实训目的

1. 具备化学实验室安全意识。
2. 正确识别安全隐患，并能进行常见隐患的排除。
3. 能够分析常见化学实验室安全事故。

二、实训地点

教室。

三、实训内容与步骤

案例分析，并填写安全事故分析单。

案例一：一名学生在化学实验室使用金属钠进行无水四氢呋喃的制备实验。实验完毕后，学生将反应结束后的反应容器（内有未反应完全的金属钠）放置在水池边，计划进行后期的处理。恰好课间休息阶段，学生未告知老师和其他同学，也未张贴标签，即离开了实验室。其间，同班另一名学生看到水池边放置的反应容器没有进行清洗，于是打开水龙头对反应容器进行清洗，结果发生了剧烈爆炸，造成该学生脸部受伤，手部被割伤。

案例二：化学实验结束后，学生进行废液的收集和整理工作。学生发现两个废液桶中的废液量都不多，于是将两桶废液合并倒入了其中一个废液桶。倒完后，废液桶突然冒火，火势迅速扩大。学生马上拿起灭火器进行扑救，但冲起的热气启动了房间内的烟雾报警装置，致使启动了自动喷淋操作，结果造成了实验室仪器设备的损坏。提示：桶内着火，实施扑救时，灭火毯比灭火器效果更好。

请同学们阅读以上实验室事故案例，填写安全事故分析单（见表 1-1-1），并通过小组讨论进行完善。

表 1-1-1　　安全事故分析单

事故简述	

续表

化学药品或试剂的性质	
事故直接原因	
事故间接原因	
正确处理方法	
实验室安全注意事项	

四、实训测评

按表 1-1-2 所列实训评分标准进行测评，并做好记录。

表 1-1-2 实训评分标准

序号	考核内容	考核标准	配分	得分
1	案例一	事故简述准确，不准确根据情况进行扣分	6	
		化学药品或试剂的性质分析合理，不合理适当扣分	6	
		事故直接原因分析全面，不全面扣相应分数	6	
		事故间接原因分析全面，不全面扣相应分数	6	
		处理方法合理、全面，缺项适当扣分	6	
		安全注意事项全面、合理，缺项适当扣分	6	

续表

序号	考核内容	考核标准	配分	得分
2	案例二	事故简述准确，不准确根据情况进行扣分	6	
		化学药品或试剂的性质分析合理，不合理适当扣分	6	
		事故直接原因分析全面，不全面扣相应分数	6	
		事故间接原因分析全面，不全面扣相应分数	6	
		处理方法合理、全面，缺项适当扣分	6	
		安全注意事项全面、合理，缺项适当扣分	6	
3	小组评价	积极参加小组讨论，态度认真。此项由小组成员进行评价	10	
4	教师评价	课堂参与度高，认真完成课程任务，成果显著	18	
合计			100	

§1-2 化学实验室安全相关法律体系和管理制度

学习目标

1. 了解实验室安全相关的法律法规和实验室安全管理责任体系。
2. 在理解实验人员所应承担责任的前提下签订安全责任书。
3. 了解安全教育和培训的内容和程序。
4. 掌握安全色、安全标志的含义和用途。

习近平总书记提出“坚持全面依法治国，推进法治中国建设”，其中就包含坚持法治国家、法治政府、法治社会一体建设，全面推进科学立法、严格执法、公正司法、全民守法，全面推进国家各方面工作法治化。因此，依法治理技工院校实验室安全具有重要意义。在新的形势下，应依法依规大力推进实验室安全管理与运行，广大师生应做社会主义法治的忠实崇尚者、自觉遵守者、坚定捍卫者，学法守法用法，努力营造良好的实验室运行、管理法制环境。

2019 年 1 月 3 日，国务院安委会办公室召开高等学校实验室安全管理工作视频会议，会议强调，各高校要加强实验室安全责任体系建设，深化学校、二级院系、实验室三级安全管理责任落实；完善和落实各项管理制度，实现对实验室安全的全过程、全要素、全方位管控；强化对实验室危险物品采购、运输、存储、使用等各环节的管理；加强实验室安全检查，全面排查各环节风险隐患；狠抓安全宣传教育培训，不断提高广大师生安全知识水平。

一、实验室安全法律法规及相关标准

1. 依法治理实验室安全

技工院校承担着培养高素质技能人才的重任。在技能人才培养全过程中，依法依规治理实验室安全，不断强化法律意识，培养一批又一批具有法制观念的合格劳动者，对于改善我国生产安全、生态安全、环境安全，乃至食品、医药等领域的安全现状具有重要的现实意义。

化学实验室安全是实验室建设和发展的重要组成部分，是一项系统工程。实验室从新建伊始的规划设计到改建、扩建，直至建成之后的运行维护，始终要有安全理念贯穿其中。因此，技工院校应在实验室建设过程中的每个环节加强隐患排查，将隐患消灭在萌芽状态，同时对实验室安全工作进行系统设计与规划，建立和完善安全管理体系，加强全校师生的安全教育，开展安全领域的学习研究，通过制度化、规范化、标准化建立长效机制，以保障实验室的可持续安全管理。

2. 实验室安全相关法律法规体系

改革开放以来，我国逐步建立和完善了有关生产、生态、环境等安全领域的法律法规体系。据统计，近 30 年来，我国建立和完善了与生产安全相关的法律法规 70 余部，其中与学校实践教学和科学研究安全相关的法律法规有 10 余类。这些法律法规包括综合类 1 部，实验人员劳动保护管理类 2 部，化学品管理类 6 部，辐射安全管理类 7 部，特种设备管理类 3 部，生物安全管理类 7 部，实验室危险性废弃物管理类 6 部，安全事故管理类 3 部等。这些法律法规与实验室安全密切相关，是指导学校实验室安全运行和管理的纲领性文件。

（1）《中华人民共和国安全生产法》及部分摘录

《中华人民共和国安全生产法》于 2002 年 6 月 29 日第九届全国人民代表大会常务委员会第二十八次会议通过，自 2002 年 11 月 1 日起施行。现行的《中华人民共和国安全生产法》根据 2021 年 6 月 10 日第十三届全国人民代表大会常务委员会第二十九次会议《全国人民代表大会常务委员会关于修改〈中华人民共和国安全生产法〉的决定》第三次修正，自 2021 年 9 月 1 日起施行。部分条款摘录如下。

第三条　安全生产工作坚持中国共产党的领导。

安全生产工作应当以人为本，坚持人民至上、生命至上，把保护人民生命安全摆在首位，树牢安全发展理念，坚持安全第一、预防为主、综合治理的方针，从源头上防范化解重大安全风险。

安全生产工作实行管行业必须管安全、管业务必须管安全、管生产经营必须管安全，强化和落实生产经营单位主体责任与政府监管责任，建立生产经营单位负责、职工参与、政府监管、行业自律和社会监督的机制。

第五十三条　生产经营单位的从业人员有权了解其作业场所和工作岗位存在的危险因素、防范措施及事故应急措施，有权对本单位的安全生产工作提出建议。

第五十七条　从业人员在作业过程中，应当严格落实岗位安全责任，遵守本单位的安全生产规章制度和操作规程，服从管理，正确佩戴和使用劳动防护用品。

（2）《危险化学品安全管理条例》及部分摘录

《危险化学品安全管理条例》于 2002 年 1 月 26 日中华人民共和国国务院令第 344

号公布，经2011年2月16日国务院第144次常务会议修订通过，根据2013年12月7日《国务院关于修改部分行政法规的决定》修订。《危险化学品安全管理条例》是为了加强危险化学品的安全管理，预防和减少危险化学品事故，保障人民群众生命财产安全，保护环境而制定的，适用于危险化学品生产、储存、使用、经营和运输的安全管理。部分条款摘录如下。

第四条 危险化学品安全管理，应当坚持安全第一、预防为主、综合治理的方针，强化和落实企业的主体责任。

生产、储存、使用、经营、运输危险化学品的单位（以下统称危险化学品单位）的主要负责人对本单位的危险化学品安全管理工作全面负责。

危险化学品单位应当具备法律、行政法规规定和国家标准、行业标准要求的安全条件，建立、健全安全管理规章制度和岗位安全责任制度，对从业人员进行安全教育、法制教育和岗位技术培训。从业人员应当接受教育和培训，考核合格后上岗作业；对有资格要求的岗位，应当配备依法取得相应资格的人员。

第二十四条 危险化学品应当储存在专用仓库、专用场地或者专用储存室（以下统称专用仓库）内，并由专人负责管理；剧毒化学品以及储存数量构成重大危险源的其他危险化学品，应当在专用仓库内单独存放，并实行双人收发、双人保管制度。

危险化学品的储存方式、方法以及储存数量应当符合国家标准或者国家有关规定。

第二十五条 储存危险化学品的单位应当建立危险化学品出入库核查、登记制度。

对剧毒化学品以及储存数量构成重大危险源的其他危险化学品，储存单位应当将其储存数量、储存地点以及管理人员的情况，报所在地县级人民政府安全生产监督管理部门（在港区内储存的，报港口行政管理部门）和公安机关备案。

第二十六条 危险化学品专用仓库应当符合国家标准、行业标准的要求，并设置明显的标志。储存剧毒化学品、易制爆危险化学品的专用仓库，应当按照国家有关规定设置相应的技术防范设施。

储存危险化学品的单位应当对其危险化学品专用仓库的安全设施、设备定期进行检测、检验。

第二十八条 使用危险化学品的单位，其使用条件（包括工艺）应当符合法律、行政法规的规定和国家标准、行业标准的要求，并根据所使用的危险化学品的种类、危险特性以及使用量和使用方式，建立、健全使用危险化学品的安全管理规章制度和安全操作规程，保证危险化学品的安全使用。

3. 实验室安全规范及相关标准

很多化学品会对人体健康以及环境造成一定的危害，如某些化学品具有腐蚀性、致畸性、致癌性等。如果相关从业人员对化学品缺乏安全使用的意识，在化学品生产、储存、使用、运输、废弃处置中，某些化学品难免会损害人体健康，或给环境带来负面影响。

各国对化学品危险性定义的差异，可能造成某种化学品在一国被认为是易燃品，而在另一国被认为是非易燃品，从而导致该化学品在一国作为危险化学品管理，而另一国却不认为是危险化学品。在国际贸易中，遵守各国法规关于危险性分类和标签的不同规定，既增加贸易成本，又耗费时间。

为了健全危险化学品的安全管理，保护人类健康和生态环境，同时为尚未建立化学品分类制度的发展中国家提供安全管理化学品的框架，有必要建立全球化学品统一分类和标签制度，消除各国分类标准在方法学和术语学上存在的差异。1992 年，在巴西里约热内卢举办的联合国环境与发展大会通过了《21 世纪议程》，建议到 2000 年应当提供全球化学品统一分类和配套的标签制度，包括化学品安全技术说明书和易理解的图形符号。

1995 年 3 月，世界卫生组织、国际劳工组织等国际组织共同签署成立了组织间健全管理化学品规划机构，以协调联合国环境与发展大会建议实施的化学品安全活动，并负责对统一化学品分类制度协调小组的工作进行监督。2002 年 12 月，《全球化学品统一分类和标签制度》（GHS）由联合国危险货物运输和全球化学品统一分类和标签制度专家委员会通过。2002 年，在南非约翰内斯堡通过的《可持续发展问题世界首脑会议执行计划》鼓励各国尽快执行 GHS，并由联合国出版 GHS 作为指导各国控制化学品危害和保护人类与环境的规范性文件。

我国于 2006 年制定了关于化学品分类、警示标签和警示性说明书安全规范的国家标准，分别就爆炸物、易燃气体、易燃气溶胶、氧化性气体等化学品进行了规范，规定于 2008 年 1 月 1 日起实施，于 2011 年 5 月 1 日起强制执行 GHS。2008 年 6 月 18 日，《化学品安全技术说明书　内容和项目顺序》（GB/T 16483—2008）发布，自 2009 年 2 月 1 日起实施。2009 年 6 月 21 日，《化学品分类和危险性公示　通则》（GB 13690—2009）发布，自 2010 年 5 月 1 日起实施。2009 年 12 月 15 日，《化学品分类和危险性象形图标识　通则》（GB/T 24774—2009）发布，自 2010 年 7 月 1 日起实施。

我国陆续制定和颁布了一些标准和规范，涉及实验室安全管理、危险化学品和消防等的现行标准和规范如下：《实验室危险化学品安全管理规范　第 1 部分：工业企业》（DB11/T 1191. 1—2018）、《安全标志及其使用导则》（GB 2894—2020）、《消防安全标志　第 1 部分：标志》（GB 13495. 1—2015）、《化学品分类和危险性公示　通则》（GB 13690—2009）、《常用化学危险品贮存通则》（GB 15603—1995）、《消防安全标志设置要求》（GB 15630—1995）、《瓶装气体分类》（GB/T 16163—2012）、《化学品安全技术说明书 内容和项目顺序》（GB/T 16483—2008）、《易燃易爆性商品储存养护技术条件》（GB 17914—2013）、《个体防护装备配备规范 第 1 部分：总则》（GB 39800. 1—2020）、《实验室废弃化学品收集技术规范》（GB/T 31190—2014）、《生产经营单位生产安全事故应急预案编制导则》（GB/T 29639—2020）、《化学品作业场所安全警示标志规范》（AQ/T 3047—2013）、《化工企业劳动防护用品选用及配备》（AQ/T 3048—2013）、《生产安全事故应急演练基本规范》（AQ/T 9007—2019）、《实验室化学药品和样品处理的标准指南》（SN/T 3592—2013）。

（1）GHS 及部分摘录

GHS 采用标签和化学品安全技术说明书两种方式公示化学品的危害信息，并按照物理危害、健康危害和环境危害对化学物质和混合物进行分类（见表 1-2-1）。

表 1-2-1 全球化学品统一分类

类别	具体内容	
物理危害	①爆炸物 ②易燃气体 ③气雾剂和加压化学品 ④氧化性气体 ⑤加压气体 ⑥易燃液体 ⑦易燃固体 ⑧自反应物质和混合物 ⑨发火液体	⑩发火固体 ⑪自热物质和混合物 ⑫遇水放出易燃气体的物质和混合物 ⑬氧化性固体 ⑭氧化性液体 ⑮有机过氧化物 ⑯金属腐蚀物 ⑰退敏爆炸物
健康危害	①急性毒性 ②皮肤腐蚀/刺激性 ③严重眼损伤/眼刺激性 ④呼吸或皮肤致敏性 ⑤生殖细胞致突变性	⑥致癌性 ⑦生殖毒性 ⑧特异性靶器官毒性（一次接触） ⑨特异性靶器官毒性（反复接触） ⑩吸入危害性
环境危害	①危害水生环境	②危害臭氧层

GHS 公示性要素包括危险象形图、信号词、危险说明、防范说明、标签内容与分配、化学品安全技术说明书（MSDS）。

GHS 规定了 9 种危险象形图，其样例如图 1-2-1 所示。

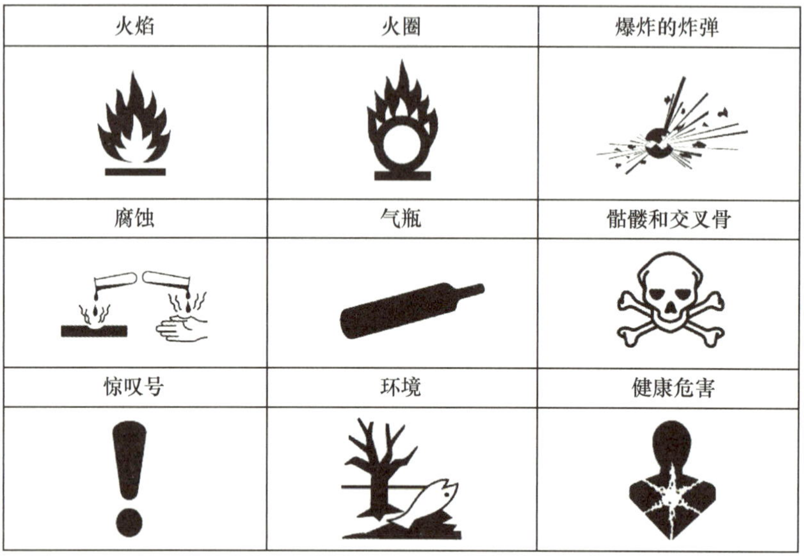

图 1-2-1　危险象形图样例

信号词指标签上用于表明危险相对严重程度并提醒目击者注意潜在危险的词语。其中，“危险”用于较为严重的危险性类别，“警告”用于较轻的危险性类别。

危险说明指分配给某个危险种类和类别的专用术语，用于描述一种危险品的危险性质。

防范说明要求用一条术语（和/或防范象形图），说明为尽量减少或防止接触危险化学品或不当储运危险化学品而造成有害影响应采取的安全防范措施，分为预防、发生危险化学品泄漏或接触危险化学品时的反应、储存和处置 4 类。急性毒性—经口防范说明示例如图 1-2-2 所示。

标签内容与分配规定了化学品包装容器的 GHS 标签（其样例见图 1-2-3）上应当包括产品标识符、危险象形图、信号词、危险说明、防范说明、主管部门要求的其他补充信息及供应商识别信息。

化学品安全技术说明书（MSDS）包括化学品标识、危险标识、组成/成分信息、急救措施、消防措施、意外释放措施、搬运与储存、接触控制/个体防护、理化特性、稳定性与反应性、毒理学信息、生态学信息、废弃处置、运输信息、管理信息、其他信息共 16 种信息。

化学品安全技术说明书应使运输者（可能接触泄漏的化学品）、生产操作人员（可能接触化学品）、最终产品用户（使用安全）和环保相关人员了解材料（纯净物）或其成分（混合物）是否易燃，是否易爆，是否容易发生化学反应，是否致病，是否有剧毒，是否具有放射性，是否具有腐蚀性，是否容易污染环境等。最终目的是声明

急性毒性—经口
（第3.1章）

危险类别	符号	信号词	危险说明	
1	骷髅和交叉骨	危险	H300	吞咽可致命
2	骷髅和交叉骨	危险	H300	吞咽可致命
3	骷髅和交叉骨	危险	H301	吞咽可中毒

防范说明			
预防	**应对**	**存放**	**处置**
P264 **作业后彻底清洗手部［和……］** －制造商/供应商或主管部门具体说明作业后需清洗的其他身体部位时使用方括号中的案文。 P270 **使用本产品时不要进食、饮水或吸烟。**	P301＋P316 **如误吞咽：立即紧急就医。** 主管部门或制造商/供应商可增加“呼叫”，并随附紧急电话号码或紧急医疗救助提供者名称，如中毒救治中心、急救中心或医生姓名。 P321 **专门治疗（见本标签上的……）** －如需立即施用解毒药。 **……参看附加急救说明。** P330 **漱口。**	P405 **存放处须加锁。**	P501 **内装物/货箱的处置……** ……根据地方/区域/国家/国际规定（具体说明）。 制造商/供应商或主管部门应具体说明处置要求是适用于内装物、货箱，还是两者。

图 1-2-2　急性毒性—经口防范说明示例

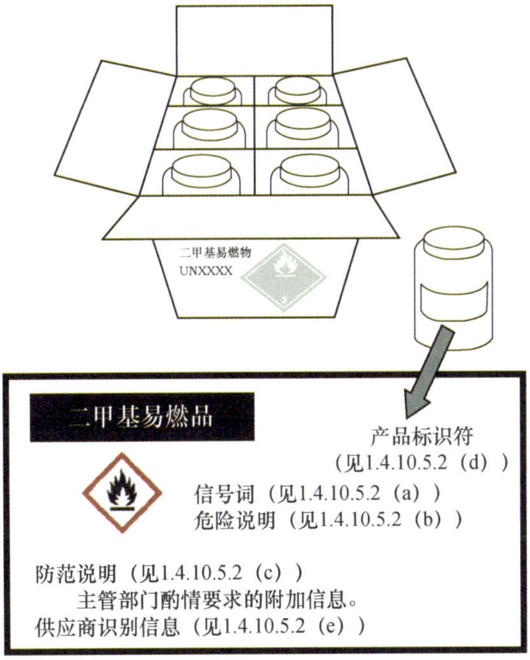

图 1-2-3　GHS 标签样例

化学品的安全信息，说明如何避免上述危险，以及如果出现危险情况应该如何处理。

（2）《安全色》《安全标志及其使用导则》及部分摘录

安全色和安全标志是作业现场中最基本的元素，是人们应掌握的最基础的安全知识。当危险发生时，安全色和安全标志能够指示人们尽快逃离或者指示人们采取正确、有效、得力的措施对危害加以遏制。

安全色是传递禁止、警告、指令、提示等安全信息含义的颜色。国际标准化组织（ISO）和很多国家都对安全色的使用有严格的规定。《安全色》（GB 2893—2008）将红、黄、蓝、绿 4 种颜色作为全国通用的安全色，其含义和用途见表 1-2-2。

表 1-2-2　安全色含义和用途

安全色	对比色	含义	用途举例
红色	白色	禁止、停止、危险、消防	各种禁止标志，交通禁令标志，消防设备标志，机械的停止按钮、刹车及停车装置的操纵手柄，机械设备转动部件的裸露部位，仪表刻度盘上极限位置的刻度，各种危险信号旗等
黄色	黑色	注意、警告	各种警告标志及道路交通标志和标线中的警告标志、警告信号旗等
蓝色	白色	指令、必须遵守	各种指令标志及道路交通标志和标线中的指示标志
绿色	白色	安全	各种提示标志、机器启动按钮、安全信号旗、急救站、疏散通道、避险处、应急避难所等

安全标志是用以表达特定安全信息的标志，由图形符号、安全色、几何形状（边框）或文字构成。根据《安全标志及其使用导则》（GB 2894—2008），安全标志分为禁止标志、警告标志、指令标志和提示标志 4 类。

1）红色与禁止标志。红色传递禁止、停止、危险或提示消防设备、设施的信息，就是“千万不能这么干”的意思。

在实际生产生活中，红色与其对比色白色一起用于禁止标志，表示不准或制止人们的某些行为与行动。禁止标志的几何形状是带斜杠的圆环，其中圆环与斜杠相连，用红色；图形符号用黑色，背景用白色。

与化学实验室安全相关的常用禁止标志有禁止放置易燃物、禁止堆放、禁止用水灭火、禁止触摸、禁止饮用、禁止携带托运有毒物品及有害液体等，如图 1-2-4 所示。

图 1-2-4 与化学实验室安全相关的常用禁止标志

2）黄色与警告标志。黄色传递注意、警告的信息，就是“小心点，不然容易出事”的意思。

黄色与其对比色黑色一起用于警告标志，警告人们可能发生的危险。警告标志的几何形状是黑色的正三角形，图形符号为黑色，背景为黄色。

与化学实验室安全相关的常用警告标志有注意安全、当心火灾、当心腐蚀、当心高温表面、当心爆炸、当心触电、当心中毒、当心烫伤等，如图 1-2-5 所示。

图 1-2-5 与化学实验室安全相关的常用警告标志

3）蓝色与指令标志。蓝色传递必须遵守规定的指令性信息，就是“请按规矩做”的意思。

蓝色与其对比色白色一起用于指令标志，强制人们必须做出某种动作或采取防范措施。指令标志的几何形状是圆形，图形符号为白色，背景为蓝色。

与化学实验室安全相关的常用指令标志有必须戴防护眼镜、必须戴防毒面具、必须穿防护服、必须戴防护手套、必须拔出插头、必须洗手、必须加锁、必须佩戴遮光护目镜等，如图 1-2-6 所示。

图 1-2-6　与化学实验室安全相关的常用指令标志

4）绿色与提示标志。绿色传递安全的提示性信息，就是“不知道怎么办？跟我走吧！”的意思。

绿色与其对比色白色一起用于提示标志，示意目标的方向。提示标志的几何形状是方形，图形符号及文字为白色，背景为绿色。

与化学实验室安全相关的常用提示标志有紧急出口、应急电话、急救点、避险处等，如图 1-2-7 所示。

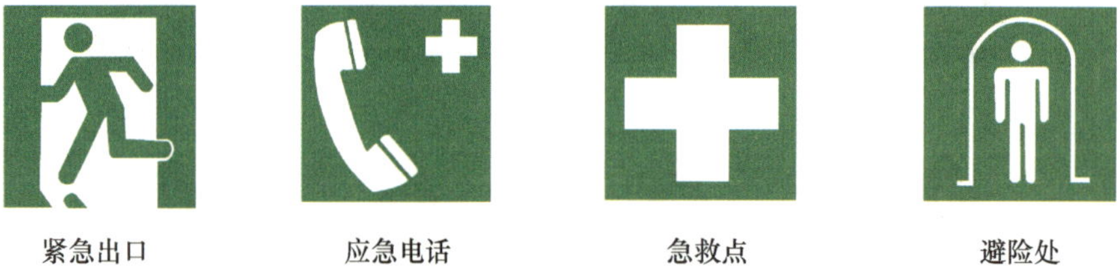

图 1-2-7　与化学实验室安全相关的常用提示标志

安全标志下方的文字辅助标志的基本形式为矩形边框，包括横写和竖写两种形式（见图 1-2-8）。横写时，文字辅助标志写在标志的下方；竖写时，文字辅助标志写在标志杆的上部。不同类型安全标志的文字辅助标志字体颜色和衬底色是不同的。在横写时，禁止标志、指令标志为白色字，衬底色为标志的颜色；警告标志为黑色字，衬底色为白色。在标志杆上竖写时，四种标志均为白色衬底、黑色字，标志杆下部色带的颜色应与标志的颜色相一致，标志杆上的文字字体均为黑体字。

安全标志牌应设在与安全有关的醒目地方，并使大家看见后有足够的时间来注意

图 1-2-8 横写（左）和竖写（右）的文字辅助标志

它所表示的内容。设置的高度应尽量与人眼的视线高度相一致。悬挂式和柱式的环境信息标志牌的下缘距地面的高度不宜小于 2 m。多个标志牌在一起设置时，应按警告、禁止、指令、提示类型的顺序，先左后右、先上后下地排列。一般来讲，安全标志牌至少每半年检查一次，如发现有破损、变形、褪色等不符合要求的，应及时修整或更换。

尤其需要注意的是，设立于某一特定位置的安全标志应安装牢固，保证其自身不会产生危险，所有的标志均应具有坚实的结构。当安全标志被置于墙壁或其他现存的结构上时，背景色应与标志上的主色形成对比色。

二、化学实验室安全管理责任体系

1. 安全管理责任体系

化学实验室安全管理责任体系是一项综合管理体系，包括完善的管理体制、健全的管理制度、安全的教育制度和可靠的安全技术。学校是化学实验室的安全责任主体，在学校的统一领导下，由学校管理人员、实验室教师、学生组成三级联动安全管理责任体系。

（1）学校管理人员的安全责任

1）学校管理人员应定期安排实验室教师及即将进入实验室的学生进行安全培训，宣讲实验室实验规则，进行消防实战演习，明确实验室不允许做的事情等。

2）学校管理人员应制定实验室安全巡视制度和安全检查制度，加强安全巡视，定期开展实验室安全检查，并及时反馈安全检查的结果，对于在安全巡视和检查中遇到的问题，给出修正的建议和期限。

（2）实验室教师的安全责任

1）熟悉每一项实验规则，包括如何使用所有的设备，了解化学药品的危害，熟悉处理事故的程序。

2）在开始实验之前要教会学生使用实验室所有的安全应急设备。定期对学生进行安全疏散演练，在学生能看到的位置标明各类紧急救援电话号码。

3）要严格控制易燃易爆和剧毒危险品的使用，按照有关制度办理保管与领用手续，认真执行相应安全措施。

4）对于一般的化学试剂，要妥善保管，严禁随意把试剂摆放在实验室台面或架子上。

5）对于易挥发和具有腐蚀性的试剂，要交付实验室试剂库统一管理，避免腐蚀实验室内的仪器设备。

（3）学生的安全责任

1）在进入实验室前参加实验室安全培训及实验室安全知识测试。

2）实验前穿戴合适的劳动防护用品（如安全护目镜、面罩、手套和实验服），女生必须把长头发束好，确保束发不会松开。

3）进实验室时，书包和衣物等与实验无关的物品一律不得带入实验室，更不能放在实验室台面和过道上。

4）实验过程中不能追逐打闹、聊天、玩手机。

5）不能把食品和饮料带进实验室。

6）实验用仪器、试剂瓶必须稳妥放在实验室台面的中央位置，避免意外发生。

7）禁止进行非正式实验（即教师不允许做的实验），所有的实验工作必须在教师的监督下进行。

8）发生任何泄漏、伤害等事故，都必须向教师报告。

9）取用试剂后必须马上盖好瓶盖，避免有毒物质外泄而发生意外。

10）实验结束后，实验所用试剂必须按要求分类收集、规范储存、及时处置。

11）决不允许使用化学药品威胁其他同学。

12）除非教师授权，不能拿走实验室里的设备、化学药品和实验产品。

13）应熟知紧急出口的位置。

14）实验结束后，及时整理实验室台面，将实验废弃物放入指定容器。

15）值日生负责公共卫生打扫及公共实验器材的收放，关闭水、电、门窗，教师检查合格后填写实验室使用登记簿。

2. 安全教育和培训程序

（1）开展实验室安全教育和培训的依据

《中华人民共和国安全生产法》第二十八条规定，生产经营单位应当对从业人员进行安全生产教育和培训，保证从业人员具备必要的安全生产知识，熟悉有关的安全生产规章制度和安全操作规程，掌握本岗位的安全操作技能，了解事故应急处理措施，知悉自身在安全生产方面的权利和义务。未经安全生产教育和培训合格的从业人员，不得上岗作业。

生产经营单位使用被派遣劳动者的，应当将被派遣劳动者纳入本单位从业人员统一管理，对被派遣劳动者进行岗位安全操作规程和安全操作技能的教育和培训。劳务派遣单位应当对被派遣劳动者进行必要的安全生产教育和培训。

生产经营单位接收中等职业学校、高等学校学生实习的，应当对实习学生进行相应的安全生产教育和培训，提供必要的劳动防护用品。学校应当协助生产经营单位对实习学生进行安全生产教育和培训。

《中华人民共和国安全生产法》第五十八条规定，从业人员应当接受安全生产教育和培训，掌握本职工作所需的安全生产知识，提高安全生产技能，增强事故预防和应急处理能力。

（2）实验室安全教育和培训的内容

化学实验室的安全教育和培训通常包括 4 个方面的内容。

1）安全生产、劳动保护政策教育。安全生产、劳动保护政策是指有关部门依法制定和发布的有关安全生产、劳动保护的相关政策。学校师生应积极参加有关部门定期、不定期开展的安全生产、劳动保护政策教育培训，提高自己的安全意识，保障实验安全。

2）安全生产法律法规教育。安全生产法律法规是依据国家相关政策，以及国内外科研、生产所发生的事故编写的，内涵十分丰富，是行业必须执行的。化学实验室安全相关的法律法规和行业标准是化学实验室安全教育和培训的重要内容。

3）安全生产技术教育。安全生产技术教育包括一般安全生产技术知识和专业安全生产技术知识等的教育。化学实验室的安全生产技术教育内容通常包括化学实验室概况、化学实验过程、实验方法，实验器具和设备的特性、结构，实验室操作技能、安全防护技能、应急能力等。只有掌握了化学反应、过程的性质，如放热、产气、有毒、有腐蚀性、污染环境等，明白了原理，才能实现本质安全。

4）典型事故案例教育。典型的安全事故记载、分析资料通常包含详细的事故分析及应对措施，是开展安全教育的良好素材，有助于师生防患于未然，保障实验室安全。化学实验室的事故案例教育可参照近年来院校及科研机构、工业企业实验室和检测机构的典型事故案例开展。

（3）实验室安全教育和培训的程序

教育和培训都是有目的的教学活动，教育更侧重知识、技能的系统传授，周期长，依照计划有序开展；培训的优势在于灵活、针对性强，可随时开展或围绕一个主题开展。一般来讲，化学实验室的安全教育和培训应采取学校安全管理部门专门教育和实验室定期培训相结合的方式，将化学实验室安全教育纳入教学课程中，通过制订面向教师、学生的系统性安全教育和培训计划，做到教育和培训的全员性、内容的针对性、形式的多样性，以期达到较好的效果。

安全教育应包括设置专门的安全课程和在其他课程中开展安全教育两个部分。其中，专门的安全课程应在学生进入实验室之前进行，其他课程中的安全教育则应该有针对性地贯穿课程始终，渗透到每一堂课中。

安全培训可以围绕相关主题开展。例如，每年 6 月是安全生产月，可以围绕安全生产月开展系列活动；11 月 9 日是全国消防日，可以围绕消防安全开展应急演练活动；可以结合发生的实验室安全事故展开专题讲座，也可以根据近期安全巡视和检查情况做深入探讨……总之，安全培训工作要引起高度重视，与安全教育相辅相成，筑牢化学实验室安全基础。2013—2022 年安全生产月和全国消防日主题见表 1-2-3。

表 1-2-3　2013—2022 年安全生产月和全国消防日主题

年份	安全生产月主题	全国消防日主题
2022	遵守安全生产法，当好第一责任人	抓消防安全，保高质量发展
2021	落实安全责任，推动安全发展	落实消防责任，防范安全风险
2020	消除事故隐患，筑牢安全防线	关注消防，生命至上
2019	防风险、除隐患、遏事故	防范火灾风险，建设美好家园
2018	生命至上、安全发展	全民参与，防治火灾
2017	全面落实企业安全生产主体责任	关注消防，平安你我
2016	强化安全发展观念，提升全民安全素质	消除火灾隐患，共建平安社区
2015	加强安全法治，保障安全生产	参与社区消防，建设平安家园
2014	强化红线意识，促进安全发展	找火灾隐患，保家庭平安
2013	强化安全基础，推动安全发展	认识火灾，学会逃生

《中华人民共和国安全生产法》第二十八条第四款规定，生产经营单位应当建立安全生产教育和培训档案，如实记录安全生产教育和培训的时间、内容、参加人员以及考核结果等情况。因此，开展实验室安全教育和培训活动，要建立师生的个人安全教育和培训档案，做好安全培训的通知、现场签到、过程记录和考核记录，做好安全教育和培训的档案管理。

（4）实验室安全教育要点

1）强化标准操作，加强制度管理。健全的实验室管理制度是促进学生树立良好安全意识的重要前提，也是实验室安全的重要保障。应建立健全实验室安全守则、各类课程实验标准操作规程、仪器设备的管理制度及操作规程、贵重仪器及危险化学品的管理制度、实验室事故应急预案等，要求学生仔细阅读操作使用说明，严格按照操作规程操作，避免安全事故的发生。

2）借鉴企业岗位标准，建立实验室准入制度。学生全员进行实验室安全技术学习，安全考试合格后，才能获得准入资格。学校、教师、学生层层签订实验室安全责任书。特种作业实验室应经特种作业安全培训考核，并在已取得特种作业资格证教师的精准指导下完成实验。

3）强化各级领导和专任教师的安全意识，发挥好管理者的作用。各级领导必须重视实验室安全，加强实验室队伍建设，按照国家规定，配备数量充足的实验实训指导教师，定期组织实验员参加安全技能和操作规范培训，定期组织校内外专家开展实验室安全教育全员培训，落实实验安全责任制，不断强化各级领导和专任教师的安全意识，形成时时处处重视安全的氛围。

4）对实验室所有的危险化学品以及辐射、生物、机械、特种设备等实验设施、设备与用品等定期开展专项检查。核查安全制度及责任制落实情况、安全宣传教育情况、规范使用和处置情况、检测及应急处置装置情况、事故隐患整改成效等，提高实验室安全应急能力。

5）构建实验室安全管理组织体系。坚持齐抓共管，实验室安全工作应纳入学校整体安全工作之中，夯实实验室安全工作基础，做到安全工作与业务工作同规划、同部署、同落实、同检查，为确保实验室安全打下坚实基础。

3. 实验室管理制度

管理需要制度，制度可以更好地促进管理，制度建设是管理工作的重要前提和基础。因此，在建立和完善管理体制的基础上，还需要按照《中华人民共和国固体废物污染环境防治法》《易制毒化学品管理条例》，以及教育部颁布的《高等学校实验室工作规程》《高等学校消防安全管理规定》等制定实验室安全管理制度，逐步健全实验室安全与环保管理制度。

实验室管理制度是针对实验室管理人员和实验室使用人员制定的，目的是让实验室安全管理日常化。实验室管理制度包括实验室工作规则、学生实验守则、实验室安全防火制度等。应该将实验室管理制度悬挂在实验室内墙壁上，对进入实验室的人员起到警示提醒的作用。

（1）实验室工作规则

实验室工作规则的主要内容如下：

1）进入实验室的人员要严格遵守实验室的规章制度，保持室内整洁有序。

2）根据实验教学计划的要求开设实验项目，按照实验教学课表的安排进行实验教学。

3）使用实验室仪器设备要严格遵守操作规程和安全制度，发现损坏或丢失的，要立即向主管领导及上级主管部门报告，按有关制度及时处理。

4）在实验过程中，实验室教师不得脱离岗位。必须离开时，应取得主管领导同意并安排其他教师接管，明确责任。

5）校外单位借用教学实验室或教学实验室仪器设备，应由各实验教学中心同意报教务处批准。

6）禁止在实验室内吸烟，严禁使用实验室仪器设备加工食物，不得在实验室内存放个人物品。

7）注意节约用水、用气、用电，严格遵守安全、防火制度，每个实验室设立安全员岗位负责监督检查。

8）实验结束后，应及时切断水源、电源、气源，处理好实验物品、药品、试剂，并做好场地清洁、仪器设备整理工作。

（2）学生实验守则

学生实验守则的主要内容如下：

1）学生必须按照课程表规定时间到实验室上课，不得迟到、早退。

2）学生实验前要做好预习，认真阅读实验指导书，了解实验中所用危害性药品的安全操作方法。

3）进入实验室后，应熟悉水、电、气开关及灭火器材等的放置地点和使用方法。

4）在实验室内，必须遵守实验室的规章制度，听从教师和实验技术人员的安排，服从教师指导，严格按照规程进行实验，如实记录，按要求写出实验报告或实验小结，保持室内安静、整洁。

5）实验前应核对实验所用仪器、工具等是否完整无损，装置是否正确稳妥，确保无误后方可进行实验。未经许可不准动用与本次实验无关的仪器设备。

6）实验中所用的任何化学药品，都不能随意散失、遗弃和污染，使用后必须放回原处。试剂瓶必须贴有标签，绝对不允许在瓶内盛装与标签内容不符的试剂。

7）实验过程中要穿戴好劳动防护用品。打开浓酸、浓碱的瓶塞时，应在通风橱中进行，瓶口不要对着自己或他人；稀释浓酸时，应将浓酸分批缓慢地沿壁注入水中，并不断搅拌，待冷却至室温后再转入细口瓶中储存，切记不可将水倒入浓硫酸中。

8）实验过程中不得擅离岗位，应随时观察反应现象是否正常、仪器有无漏气和破裂等。若仪器设备发生故障、损坏或出现意外事故，要及时向教师报告，并主动说明原因，在教师的指导下，及时、迅速地处理事故。

9）实验室内严禁吸烟、饮食、嬉笑和打闹。在进行加热、蒸馏、高温设备等操作时严禁使用手机。

10）实验完毕后应及时清理实验室台面，化学试剂、玻璃器皿、仪器设备等摆放有序；实验中产生的残渣、废液等应倒入指定容器内，统一处理；离开实验室时要关好水、电、门窗等。

（3）实验室安全防火制度

实验室安全防火制度的主要内容如下：

1）进入实验室的人员要自觉遵守防火制度，严格执行各项操作规程。

2）实验室内使用电炉时，必须将电炉放在不燃支架上定点使用，周围严禁有易燃物品，禁止使用没有绝缘隔热底座的电热仪器。

3）有变压器、电感线圈的设备必须设置在不燃基座上，其散热孔处不得覆盖、放置易燃物。

4）实验室的用电量不得超过额定的负荷。

5）实验室台面上不得放置与实验无关的物品，特别是不得放置浓酸或易燃、易爆物品。

6）实验室所用的各种气体钢瓶、油桶要远离火源，应放置在单独、阴凉、通风的房间。

7）实验结束和下班前，教师和实验技术人员应对实验室进行认真检查，填写实验室使用登记簿，熄灭火源、切断电源后方可离开。

8）实验室内严禁吸烟，严禁将钥匙私自交给学生或非实验人员。

9）实验室及准备室要配备符合要求的灭火器材。

10）定期对实验室人员进行安全防火教育。

在制定制度的同时，还要鼓励实验室自查自改、自防自救、自我约束、自我管理，定期对实验室进行安全检查，发现问题，及时整改。

三、安全责任书

安全责任书示例如下。

化学实验室安全责任书

为了保障本校师生人员（教师、学生、其他短期实验人员或临时聘用人员）在实验室期间的人身安全，维护实训楼的整体安全，防止发生事故，学校安全管理工作负责人与各实验室每个师生人员签订化学实验室安全责任书。

对本责任书的基本条款，各实验室可以根据本实验室工作特点，在本责任书第三条中增加与安全相关的其他约定内容。

甲方：学校安全管理工作负责人

乙方：师生人员

一、甲方的责任

1. 以学期为单位，与每一位需进入化学实验室进行教学工作的师生人员（乙方）及时签订本责任书。

2. 对乙方进行安全教育，介绍相关的安全管理制度、乙方所从事的实验工作的危险因素和相应的安全须知。

3. 结合实验的性质，向乙方提供相关的安全参考资料。

4. 向乙方提供实验操作规程并进行操作指导，监督乙方按照操作规程进行实验，及时纠正违规行为。

5. 为乙方提供实验过程中必要的防护器具。

6. 认真听取乙方对安全方面的意见和建议。

7. 对实验室进行安全检查，及时发现和消除事故隐患，不能解决的问题及时向本单位教务部或学校报告。

二、乙方的责任

1. 认真参加安全管理部门组织的安全培训和考试，未参加安全培训或考试不合格者暂不能进入实验室做实验。

2. 接受甲方的安全教育及操作培训，了解自己的实验工作可能存在的危险因素及相应防范措施。

3. 认真执行化学实验室安全制度和相关的安全管理制度，保证在实验室工作过程中杜绝下列违规行为：

（1）违反操作规程进行实验。

（2）进行具有一定实验性的实验过程中离开实验室。

（3）违规改接电线。

（4）向下水口倾倒有害、有毒、有刺激性气味的试剂或废液。

（5）违规储存或使用剧毒试剂。

（6）在楼道口或其他室内外安全通道放置化学试剂、化学废液或堆放其他物品。

（7）进行化学实验时不穿戴必要的劳动防护用品（实验服、防护眼镜、防护手套等）。

（8）未经甲方许可非工作需要在实验室过夜。

4. 每天最后离开实验室时，认真检查实验室安全（水、电、气、仪器设备等），确认安全后方可离开实验室。

5. 若发生安全事故或意外造成一定损失和不良影响的，当事人应及时向甲方及甲方所在单位安全负责人口头报告，并于24小时内写出书面报告，经甲方审阅签字后上报学校。

三、双方约定的其他内容

本责任书一式三份，甲、乙双方签字后各执一份，另一份交本单位专业负责人备案。

甲方签字： 年 月 日

本人对化学实验室的各项安全管理制度已知晓，若因违规操作而发生安全事故，本人愿意接受学校的处罚，并承担相应的责任。

抄录上面内容：

乙方签字： 学号或身份证号：

年 月 日

思考与练习

一、判断题

1. 未经安全生产教育和培训合格的从业人员，不得上岗作业。 （ ）

2. 典型的安全事故记载、分析资料通常包含详细的事故分析以及应对措施，是企业基层管理人员（如班组长）开展安全教育的良好教材。员工要积极参与事故案例分析，防患于未然。 （ ）

3. 危险说明是指标签上用于表明危险相对严重程度并提醒目击者注意潜在危险的词语。 （ ）

4. 生产经营单位的从业人员有权了解其作业场所和工作岗位存在的危险因素、防

范措施及事故应急措施，有权对本单位的安全生产工作提出建议。（　　）

5. 储存危险化学品的单位应当建立危险化学品出入库核查、登记制度。（　　）

6. 红色传递禁止、停止、危险或提示消防设备、设施的信息，就是“千万不能这么干”的意思。（　　）

7. 一般来讲，安全标志牌至少每年检查一次，如发现破损、变形、褪色等不符合要求的，应及时修整或更换。（　　）

8. 在实验过程中，实验室教师不得脱离岗位。必须离开时，应取得主管领导同意并安排其他教师接管，明确责任。（　　）

9. 指令标志是指必须遵守规定的指令性信息。指令标志的几何形状是圆形，图形符号为白色，背景为蓝色。（　　）

10. 实验前穿上合适的劳动防护用品（如安全护目镜、面罩、手套和实验服），女生必须把长头发束好，确保束发不会松开。（　　）

二、单项选择题

1. 现行的《中华人民共和国安全生产法》为（　　）第三次修订，自（　　）起施行。

A. 2002 年 6 月 29 日　　2002 年 11 月 1 日

B. 2002 年 6 月 10 日　　2002 年 9 月 1 日

C. 2021 年 6 月 29 日　　2021 年 11 月 1 日

D. 2021 年 6 月 10 日　　2021 年 9 月 1 日

2. （　　）应当对从业人员进行安全生产教育和培训。

A. 工会　　B. 生产经营单位

C. 安全生产协会　　D. 应急管理部门

3. GHS 是（　　）的英文简称。

A.《全球化学品统一分类和标签制度》

B.《化学品分类和危险性象形图标识　通则》

C. 化学品安全技术说明书

D.《实验室化学药品和样品处理的标准指南》

4. 根据《安全色》（GB 2893—2008），下列不属于安全色的是（　　）。

A. 红色　　B. 黄色　　C. 橙色　　D. 蓝色

5. 关于警告标志，下列描述错误的是（　　）。

A. 警告人们可能发生的危险　　B. 几何形状是黑色的圆形

C. 图形符号用黑色　　D. 背景用黄色

6. 安全标志牌设置的高度，应尽量与（　　）高度相一致。

A. 实验室门窗　　B. 人眼的视线　　C. 墙壁的 2/3　　D. 器材设备

7. 多个标志牌在一起设置时，应按（　　）类型的顺序，先左后右、先上后下地排列。

A. 警告、禁止、指令、提示　　B. 禁止、警告、指令、提示

C. 警告、禁止、提示、指令　　D. 禁止、警告、提示、指令

8. 关于学生实验守则，下列描述不正确的是（　　）。

A. 进入实验室后，应熟悉水、电、气开关及灭火器材等的放置地点和使用方法

B. 实验前应核对实验所用仪器、工具等是否完整无损，装置是否正确稳妥，确保无误后方可进行实验。未经许可不准动用与本次实验无关的仪器设备

C. 实验过程中不得擅离岗位，应随时观察反应现象是否正常、仪器有无漏气和破裂等。若仪器设备发生故障、损坏或出现意外事故，要及时向教师报告，并主动说明原因，在教师的指导下，及时、迅速地处理事故

D. 实验室内严禁吸烟、饮食、嬉笑和打闹。在进行加热、蒸馏、高温设备等操作时可以使用手机

9. 生产经营单位应当对从业人员进行安全生产教育和培训，下列描述不正确的是（　　）。

A. 保证从业人员具备必要的安全生产知识

B. 保证从业人员熟悉有关的安全生产规章制度和安全操作规程

C. 保证从业人员掌握本岗位的安全操作技能，了解事故应急处理措施

D. 保证从业人员知悉自身在安全生产方面的义务，不包括自身享有的权利

10. 安全生产月是每年的（　　）月。

A. 5　　B. 6　　C. 9　　D. 10

11. 实验室各种管理规章制度应该（　　）。

A. 上墙或存放于便于取阅的地方　　B. 存放在档案柜中

C. 由相关人员集中保管　　D. 保存在计算机内

三、多项选择题

1. 安全生产工作实行（　　），强化和落实生产经营单位主体责任与政府监管责任，建立生产经营单位负责、职工参与、政府监管、行业自律和社会监督的机制。

A. 管行业必须管安全　　B. 管业务必须管安全

C. 管技术必须管安全　　D. 管生产经营必须管安全

2. 生产经营单位应当建立安全生产教育和培训档案，如实记录安全生产教育和培

训的（　　）等情况。

A. 时间　　B. 内容　　C. 参加人员　　D. 考核结果

3. 危险化学品安全管理，应当坚持（　　）的方针，强化和落实企业的主体责任。

A. 安全第一　　B. 预防为主　　C. 综合治理　　D. 生命至上

4. 化学实验室的安全教育和培训通常包括（　　）方面的内容。

A. 安全生产、劳动保护政策教育　　B. 安全生产法律法规教育

C. 安全生产技术教育　　D. 典型事故案例教育

5. 关于实验室安全防火制度，下列描述正确的有（　　）。

A. 实验室内使用电炉必须放在不燃支架上定点使用，周围严禁有易燃物品，禁止使用没有绝缘隔热底座的电热仪器

B. 实验室所用的各种气体钢瓶、油桶要远离火源，放置在单独、阴凉、通风的房间

C. 实验室内严禁吸烟，严禁将钥匙私自交给学生或非实验人员

D. 实验室的用电量不得超过额定的负荷

实训 1-2　安全责任书的签订

一、实训目的

1. 熟悉所签订的安全责任书的条文。
2. 正确签订安全责任书。

二、实训地点

教室。

三、实训内容与步骤

1. 准备好安全责任书的样例。
2. 解读安全责任书内的信息。
3. 举办安全责任书签订仪式。
4. 安全责任书的审核和归档。

四、实训测评

按表 1-2-4 所列实训评分标准进行测评，并做好记录。

表 1-2-4　　实训评分标准

序号	考核内容	考核标准	配分	得分
1	安全责任书的解读	能够明确甲方和乙方	10	
		能够确定安全责任书的有效期限	10	
		能够界定安全责任书的空间范围	10	
		能够列举实验室安全管理制度	10	
		能够描述乙方的权利和义务	10	
2	安全责任书的签订	签字的位置正确，如有改正，格式正确	10	
		签字的日期正确，如有改正，格式正确	10	
		补充的内容书写正确，如有改正，格式正确	10	

续表

序号	考核内容	考核标准	配分	得分
3	安全责任书的审核	能够协助教师检查其他同学是否签订正确	10	
4	安全责任书的归档	能够协助教师进行安全责任书的归档	10	
合计			100	

§1-3　消防安全和用电安全

学习目标

1. 掌握火灾的发生原因和发展过程。
2. 熟练掌握灭火器和消防栓的使用，能够扑灭初起火灾。
3. 识读逃生路线图，在紧急疏散标志的指引下完成紧急疏散演练，顺利逃生。
4. 熟悉实验室内的电源和用电仪器，了解电流对人体的伤害，掌握触电急救方法。

一、消防安全

化学实验室中经常使用各种易燃易爆药品以及各类电气设备，使用不当就可能引发着火、爆炸、灼伤、触电等安全事故。为预防和减少火灾发生，降低火灾危害，保障生命和财产安全，教师和学生进入实验室之前，应掌握一定的实验室消防安全知识。

1. 火灾的发生原因和发展过程

火在促进人类文明进步的同时，也会给社会和人类造成一定的灾难。据统计，我国平均每天发生火灾数百起。化学实验室的种类很多，有无机化学实验室、有机化学实验室、分析化学实验室和物理化学实验室等。这些实验室的共同特点是化学物品种类繁多，其中很多是易燃易爆药品。在实验操作中，常常进行蒸馏、回流、萃取、电解等火灾危险性较大的作业，用火、用电也比较多，一旦操作或使用不当，很容易发生火灾。特别是学生做实验时如果对要领掌握不准，操作不熟练，甚至误操作等，往往容易发生事故。

（1）火灾发生的原因

有调查结果表明，在学校实验室火灾中，21%的火灾是由电气设备引起的，20%的火灾是由易燃溶剂使用不当引起的，13%的火灾是由各种爆炸事故引起的，易燃气体和自然因素所致的火灾各占7%和6%。其中，实验室工作人员由于工作不慎、操作失误所致的火灾事故占71%；因没有必要的灭火器具，无法及时扑灭火源，从而酿成重大灾情的占89%。因此，导致学校实验室发生火灾事故的因素主要有以下几个方面：

1）安全防火制度不健全。很多学校对消防安全不够重视，导致实验室的防火工作只停留在口头层面，没有制定相应的安全防火制度，或安全防火制度不够健全严密，无法严格约束实验室的工作人员，导致工作人员无章可循或遵章不严。

2）电气线路老化，用电超负荷。有些实验室使用时间较长，实验室的电气线路老化比较严重。随着近些年各院校的扩招，受基础条件的限制，很多院校对实验室进行了合并，私拉乱接电线、随意安置仪器设备的现象普遍存在，导致实验室用电严重超负荷。当用电量急剧增大时，很容易造成电气线路发生故障，从而引发火灾。

3）危险品管理不规范。根据需要，实验室内一般都存放有一定的易燃易爆药品，这些危险品的管理措施直接关系着实验室的消防安全。有的实验室实验用危险品的存放不合理，没有进行分类放置，存在混放、乱放的现象；有的实验室对使用后的剩余危险品没有严格按照安全操作规程进行回收处理，甚至将试剂库兼作实验室，这些都极易导致火灾事故的发生。

4）工作人员不遵守安全操作规程。严格遵守安全操作规程是确保实验室消防安全的重要前提，但是部分实验室工作人员由于思想麻痹、松懈，没有严格遵照安全操作规程操作，从而引发火灾事故。

5）消防设施、器材的配置不足。据统计，95%以上的高校实验室普遍存在消防设施、器材配置不足的问题，包括数量不足、种类不足、完好有效率不足等，比如配备的灭火器数量少，或未配备灭火毯，或配置的灭火器型号不符合要求。有些实验室虽然配置了必要的消防设施、器材，但是由于未进行定期的维护保养，导致部分消防设施、器材损坏，降低了灭火的效能，甚至根本起不到灭火的作用。更有部分实验室连最基本的消防设施、器材都没有配备，根本不能保障实验室的消防安全，一旦发生火灾，极其容易导致火灾蔓延和扩大。

6）仪器设备使用不规范。有些高校由于用房不够，没有专用的实验室，实验室常与其他教学用房合用，导致很多实验仪器经常被挪动，这样很容易造成实验设备损坏，导致实验过程中使用或产生的易燃易爆气体或其他可燃物质泄漏，当局部环境达到一定条件时，极易发生燃烧或者爆炸。

资料卡

燃烧与火灾

燃烧是指可燃物与氧化剂发生作用的放热反应，通常伴有火焰、发光和发烟现象。

1. 燃烧的条件

物质燃烧过程的发生和发展，必须具备3个必要条件，即可燃物、氧化剂和温度（引火源）。只有这3个条件同时具备并相互作用，才可能发生燃烧。

可燃物：凡是能与空气中的氧或其他氧化剂发生燃烧反应的物质称为可燃物。可燃物又分为固体、液体和气体3种类别。

氧化剂：凡是能与可燃物发生氧化反应的物质都为氧化剂。空气中游离的氧可起到支持可燃物燃烧的作用。

温度（引火源）：供给可燃物与氧发生燃烧反应的能量来源，常见的是热能，其他还有由化学能、电能、机械能等转变的热能。

2. 热传播及火灾蔓延的途径

火灾的发生、发展是能量传播的过程。热传播是影响火灾发展的决定性因素。

3. 燃烧的特殊形式——爆炸

爆炸是指由于物质急剧氧化或分解，使温度、压力急剧增加或使两者同时急剧增加的现象。灭火过程中，要特别注意弄清火场中有无易爆物品，严防爆炸发生。

4. 火灾

火灾是在时间和空间上失去控制的燃烧造成的灾害。根据《火灾分类》（GB/T 4968—2008）的规定，按可燃物的类型和燃烧特性将火灾分为A、B、C、D、E、F 6个不同类别，见表1-3-1。

表1-3-1 火灾分类

火灾类型	定义	灭火方式
A类火灾	固体物质火灾，如木材、煤、棉、毛、麻、纸张等的火灾。这种物质通常具有有机物性质，一般在燃烧时能产生灼热的余烬	通常考虑选择干粉灭火器和灭火毯
B类火灾	液体或可熔化的固体物质火灾，如实验室内的有机溶剂、有机试剂和反应液等的火灾	通常考虑选择灭火毯（流淌火不适用）、干粉灭火器和二氧化碳灭火器

续表

火灾类型	定义	灭火方式
C 类火灾	气体火灾	通常考虑选择干粉灭火器和二氧化碳灭火器
D 类火灾	金属火灾，如钾、钠、镁、铝镁合金等的火灾	通常考虑选择灭火毯或干沙，绝不能使用水或泡沫、二氧化碳灭火器
E 类火灾	带电火灾，物体带电燃烧的火灾	通常考虑选择干粉灭火器和二氧化碳灭火器
F 类火灾	烹饪器具内的烹饪物（如动植物油脂）火灾	通常用锅盖或选择泡沫灭火器

如果身上的衣物着火，应就地滚动压灭火焰，或脱掉衣服，用专用防火布覆盖着火处，切勿跑动，否则将加剧燃烧。

案例分析

1）2009 年 2 月 27 日，中科院化学研究所一实验室起火，室内部分器材被烧毁，3 名保安因吸入烟气被熏倒。事故原因是以乙醇为循环液体的冷却装置塑料管老化，乙醇泄漏引起火灾。

2）2010 年 6 月 3 日下午，兰州一化学实验室突然传来一声猛烈的爆炸声，浓烟滚滚，火苗随即从浓烟中冒出。随后火势迅速蔓延，引燃了与其相邻的仓库。事故原因是在实验过程中，实验员不小心将装有石油醚的玻璃瓶打翻在地，里面的石油醚发生自燃，并引燃了旁边的木头柜。

★想一想：通过以上案例，你得到哪些启示？

（2）实验室火灾发展过程

实验室火灾的发展过程分为初起、发展、猛烈、衰减、熄灭阶段，火灾平均温度与时间的关系如图 1-3-1 所示。

1）初起阶段：对于一般固体物质燃烧，初起阶段在火灾发生后的 15 min 内，火灾的面积不大，烟和气体的流动速度比较缓慢，辐射热较低，火势向周围发展蔓延比较慢，如图 1-3-1 中的 A 段所示。

2）发展阶段：燃烧强度增大，温度升高，气体对流增强，燃烧速度加快，燃烧面积扩大，为控制火势发展和扑灭火灾，需一定灭火力量才能有效扑灭，如图 1-3-1 中的 B 段所示。

3）猛烈阶段：燃烧发展达到高潮，燃烧温度最高，辐射热最强，燃烧物质分解出大量的燃烧产物，温度和气体对流达到最高限度，建筑材料和结构的强度受到破坏，

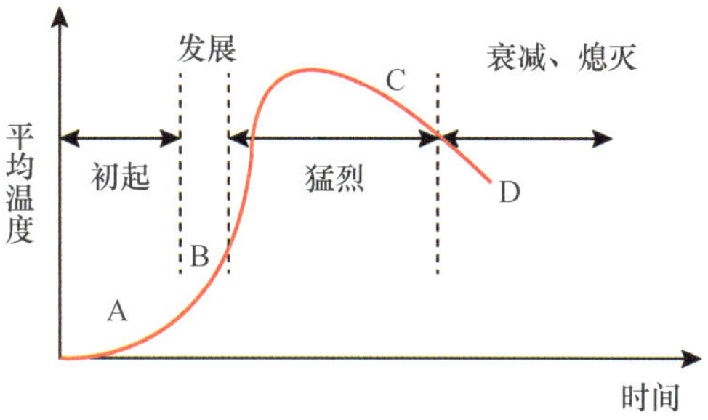

图 1-3-1 实验室火灾平均温度与时间的关系

容易发生变形或倒塌，如图 1-3-1 中的 C 段所示。

4）衰减、熄灭阶段：室内平均温度降到温度最高值的 80%时，则认为火灾进入衰减、熄灭阶段，如图 1-3-1 中的 D 段所示。

2. 消防设施、器材及用品

火灾发生后，为有效地进行扑救，应正确选择和使用消防设施、器材及用品。无论哪类火灾，只要扑救及时，方法得当，充分发挥消防设施、器材及用品的作用，就能迅速将火扑灭，有效减少火灾的损失。

过去的灭火用品比较简单，手压水枪是最常用的建筑火灾消防用品。现在的灭火用品种类很多，除了高压水枪外，还包括灭火毯和各种灭火器等。其中，灭火器又有很多种类，常见的有二氧化碳灭火器、干粉灭火器、水系灭火器、悬挂灭火器、枪式灭火器等。

化学实验室常用的消防设施、器材及用品有水、干沙、灭火毯、灭火器、消防栓等。

（1）水

水能够冷却燃烧的物质并隔绝空气，使燃烧窒息；水能够稀释某些液体，冲淡燃烧区可燃气体的浓度，减弱燃烧；水能够浸湿未燃烧的可燃物，使之难以燃烧；水在机械作用下具有冲击力，水流强烈地冲击火焰，可使火焰中断而熄灭。

（2）干沙

对于很多小型火灾，干沙（见图 1-3-2）是很好的灭火用品。干沙因具有吸热降温和阻止空气流动等性能，具有良好的熄火性能，特别适合扑灭如氢化钠、氢化钾等少量固体或液体的小范围火灾。

（3）灭火毯

灭火毯（见图 1-3-3）又称消防被、灭火被、防火毯、消防毯、阻燃毯、逃生毯等。灭火毯由耐火纤维编织制成，不燃、耐高温。灭火毯非常容易覆盖或包裹表面凹凸不平的物体，形成有效的外保护层，通过覆盖火源、阻隔空气的流动来阻断空气的供给，使燃烧不能持续进行下去，达到灭火的目的。灭火毯作为最简单的灭火用品之一，与其他灭火用品相比较，具有很多优点，具体如下：

图 1-3-2　干沙

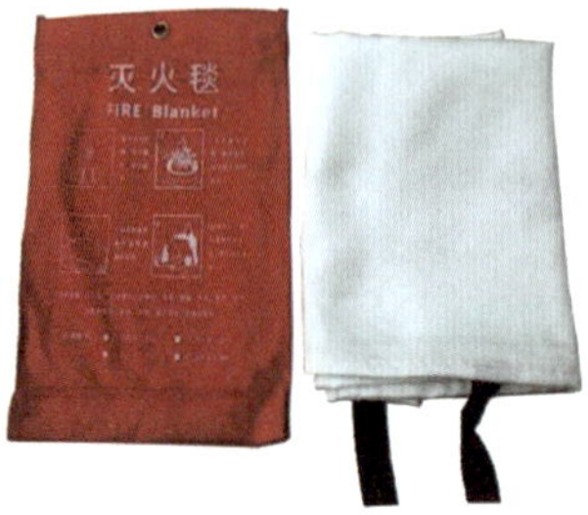

图 1-3-3　灭火毯

1）在无破损的情况下可重复使用。

2）没有失效期。

3）在使用后不会产生二次污染。

4）绝缘、耐高温（视材质而异，一般为 550~1 100 ℃）。

5）便于携带，可大可小，可以折叠放在台面或抽屉里，也可以挂在容易起火部位的墙壁上，不会占据很大面积或空间，能够方便快捷地使用。

6）可以作为及时逃生用的防护物品，由于毯子本身具有防火、隔热的特性，在逃生过程中，人的身体能够得到很好的保护。

（4）灭火器

灭火器有很多种类，化学实验室一般配备二氧化碳灭火器、干粉灭火器和泡沫灭火器。

1）二氧化碳灭火器。二氧化碳灭火器具有 100 多年的应用历史，主要依靠窒息作用和部分冷却作用灭火。二氧化碳具有较高的密度，约为空气的 1.5 倍。在常压下，液态的二氧化碳会立即汽化，一般 1 kg 的液态二氧化碳可产生约 0.51 m^3 的气体。灭火时，二氧化碳气体可以稀释和排除空气，包围在可燃物的表面或分布于较密闭的空间中，降低可燃物周围或密闭空间内的氧浓度，产生窒息作用而灭火。另外，二氧化碳从储存容器中喷出时，会由液体迅速汽化成气体，从周围吸收部分热量，起到降温冷却的作用。二氧化碳灭火器结构如图 1-3-4 所示。

二氧化碳具有流动性好、喷射率高、不腐蚀容器和不易变质等优良性能，可用来扑灭图书、档案、贵重设备、精密仪器、600 V 以下电气设备及油类的初起火灾，也适用于扑救 B 类火灾（如有机溶剂、有机试剂和反应液等的火灾）、C 类火灾（如煤气、天然气、甲烷、乙烷、丙烷、氢气等火灾）和 E 类火灾（如仪器设备的初期火灾）。

使用二氧化碳灭火器时，按照以下操作顺序迅速分解并卸除部件：拔掉铅封（或钥匙）→拉掉金属丝（或尼龙丝）→拔掉保险销（金属插销），如图 1-3-5 所示。

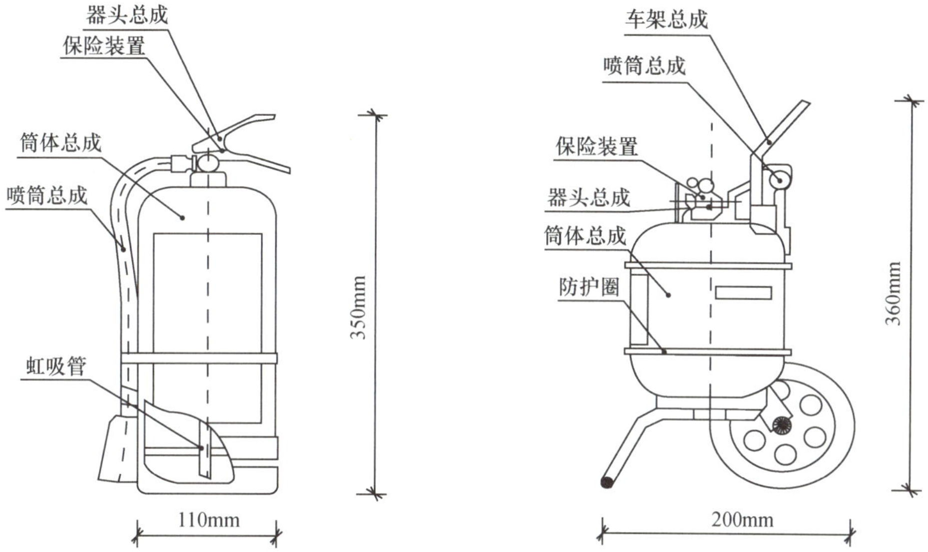

a）　　　　b）

图 1-3-4　二氧化碳灭火器结构

a）手提式　b）推车式

2）干粉灭火器。普通干粉灭火剂主要由惰性气体和活性灭火组分等组成。干粉灭火器是以二氧化碳气体或氮气气体作动力，将筒内的干粉喷出灭火。活性灭火组分是干粉灭火剂的核心，能够起到灭火作用的物质主要是磷酸铵盐（ABC 干粉灭火剂）和碳酸氢钠（BC 干粉灭火剂）等极其细微的干粉粒子形成的气溶胶。干粉灭火器结构如图 1-3-6 所示。

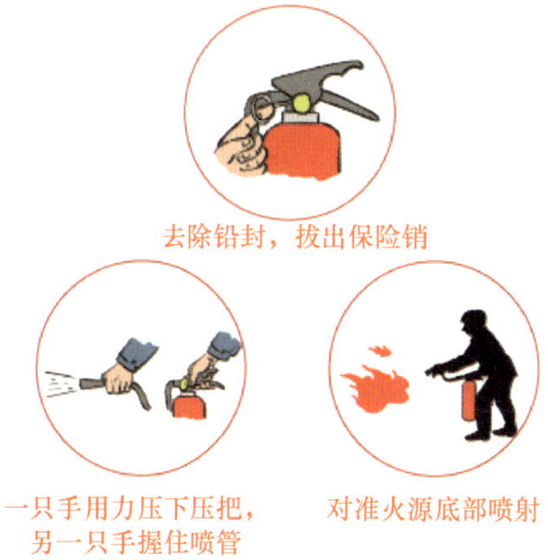

图 1-3-5　二氧化碳灭火器使用方法

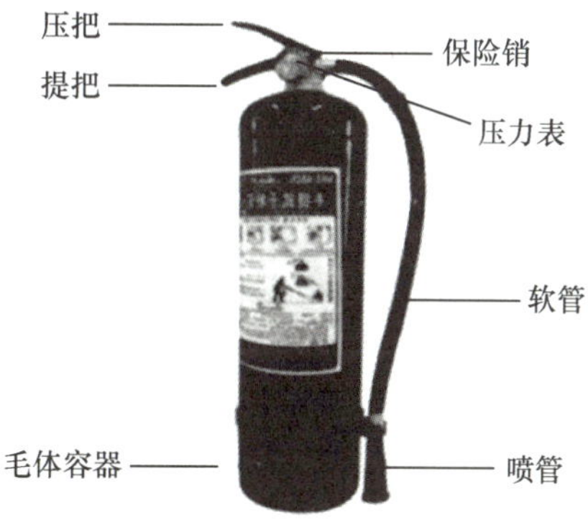

图 1-3-6　干粉灭火器结构

干粉灭火器除了能喷出惰性气体覆盖火焰表面，产生窒息、稀释氧以及降温作用以外，其对有焰燃烧的化学抑制作用是干粉灭火效能的集中体现和主要灭火特性，且化学抑制作用是干粉灭火的基本原理，并起主要灭火作用。

碳酸氢钠干粉灭火器（BC 干粉灭火器）主要用于扑救有机溶剂等易燃、可燃液体及可燃气体和电气设备引起的初起火灾。

干粉灭火器的使用方法与二氧化碳灭火器类似。

3）泡沫灭火器。泡沫灭火器的外壳是铁皮制成的，内装碳酸氢钠与发沫剂的混合溶液，另有一玻璃瓶内胆，装有硫酸铝水溶液。使用时，将筒身颠倒过来，碳酸氢钠和硫酸铝水溶液混合后发生化学作用，产生二氧化碳气体泡沫，体积膨胀 7～10 倍，一般能喷射 10 m 左右。泡沫的相对密度小，能覆盖在易燃液体的表面，一方面降低液面的温度（吸热），使液体蒸发速度降低；另一方面形成隔绝层，隔断氧气与液面的接触，火就被扑灭。由此可知，泡沫灭火器对于扑灭油类火灾效果最好。

使用泡沫灭火器时，未到达火场不要过早将灭火器颠倒，避免两种药剂混合使泡沫提前喷出。使用前数秒钟，将灭火器倒置，一手握筒耳，一手抓筒体底边，对准着火点即可。

（5）消防栓

消防栓是实验室常见的灭火工具，如图 1-3-7 所示。一旦打开消防栓的水阀，或者喷淋头因内部的温度敏感支撑管被高温摧断而打开时，消防水泵房内的水泵即刻自动启动，能保持消防水管内的水压且不断供水。

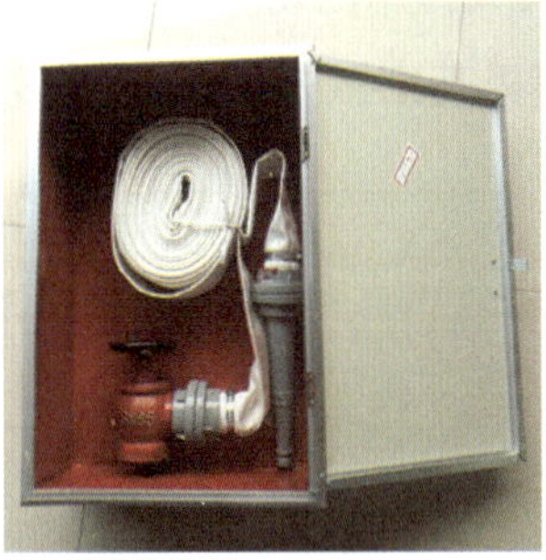

图 1-3-7　消防栓

消防栓、消防水带和消防枪一起使用时，主要步骤如下：①打开消防栓门，按下内部火警按钮（按钮用来报警和启动消防泵）；②一人接好枪头和水带奔向起火点；③另一人接好水带和阀门；④逆时针打开阀门，水喷出即可。具体使用步骤如图 1-3-8 所示。

（6）其他灭火用品

进行灭火可以就地取材，如湿抹布、瓶塞、桶盖等，只要合理应用，也能起到灭火作用。

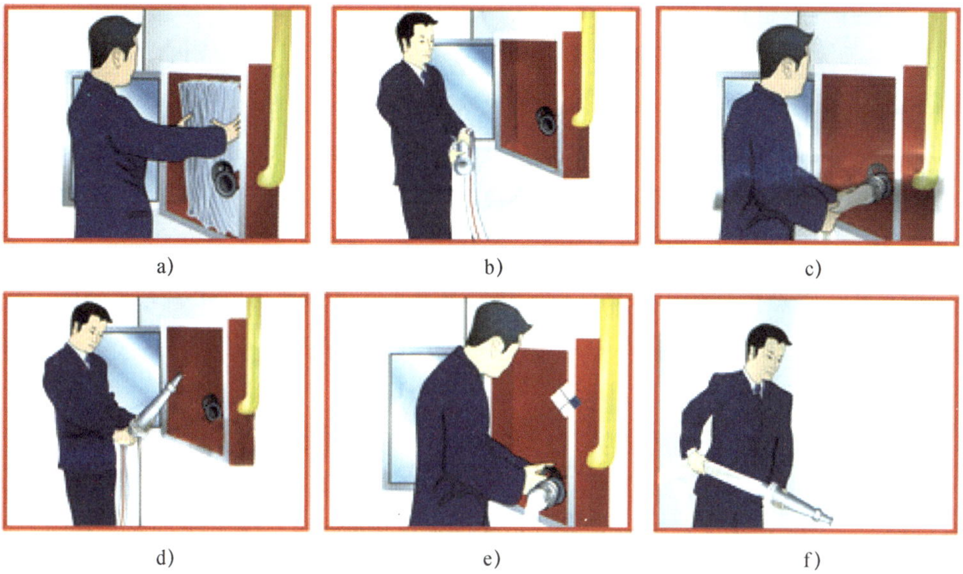

图 1-3-8　消防栓使用步骤

a）打开或击碎消防栓门，取出消防水滞　b）展开消防水带　c）水带一头接到消防栓接口上
d）水带另一头接上消防水枪　e）打开消防栓上的阀门　f）对准火源根部，进行灭火

资料卡

灭火器材的维护

（1）灭火器的检查与维护

1）检查周期如下：

①二氧化碳灭火器一般每月检查一次，可以采取整体（包括零部件在内）外部检查和称量的方法。

②干粉灭火器的检查周期一般为一个月，检查包括零部件在内的整体外部和压力表（见图 1-3-9）。指针在压力表绿色区域表示工作压力正常，黄色区域表示压力偏高，而红色区域表示压力低于要求，需要报废淘汰或返厂重充。

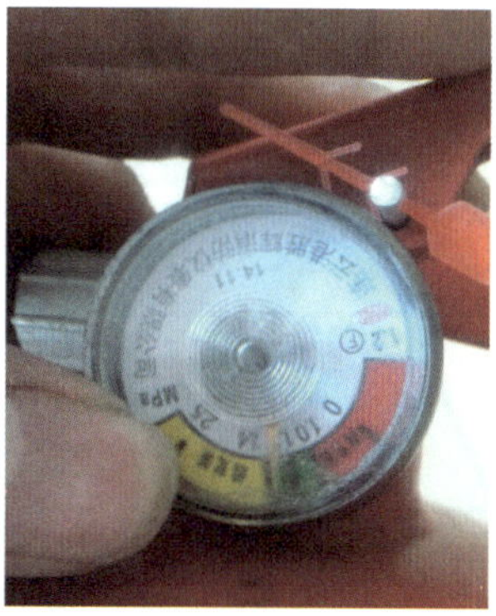

图 1-3-9　灭火器压力表

2）检查步骤。应定期检查与维护灭火器，以保障在火灾发生时，灭火器处于有效工作状态，避免财产损失。灭火器检查可分为 5 个步骤。

①检查灭火器的铅封是否完好。

②测试灭火器的压力表，确保压力表的指针在绿色的有效区域内。如果指针转向红色区域，则表明压力表失效，应及时更换或重新充装。

③测试灭火器的喷嘴是否完好。如果灭火器的喷嘴破损，应该及时更换。

④确认灭火器的软管是否完整，有无破损与开裂。如果软管老化，应该更换。

⑤检查灭火器的有效期与检查日期，确定灭火器仍然在有效期内。

3）台账。周期检查的记录要做好台账，每只灭火器都要有档案，包括编号、所在部位、出厂日期、外观和零部件是否完好、压力（干粉灭火器）或质量（二氧化碳灭火器）、检查日期以及检查人。

台账不但要体现在器体的标签上，还要有相应的书面台账或电子台账。

4）报废年限。按照《灭火器维修与报废规程》（XF 95—2007）的规定，从出厂日期算起，灭火器报废年限分别如下：水基型灭火器，6 年；干粉灭火器，10 年；二氧化碳灭火器，12 年。但是，凡灭火器外体严重锈蚀或腐蚀的，随时报废。

各种灭火器一旦打开过，无论喷出多少，都要重新充装。使用完的灭火器也可以在检查后重新充装使用。

（2）灭火器材的放置

灭火器材是一种平时往往被人忽视，紧急状况时又能大显身手的消防必备之物。如果没有灭火器材或灭火器材取用不便，则会贻误灭火时机，造成更大灾难，所以灭火器材的摆放要引起高度重视。

灭火器材存放处应干燥、阴凉、通风，不可选择靠近高温或可能受到暴晒的地方，防止灭火器压力过高或过早失效。灭火器要存放在取用方便的地方，周围无妨碍物，不可以在灭火器箱周围 1 m 内放置其他物品，也不可以在灭火器箱的盖子上放置其他物品，否则会妨碍紧急情况下取用。灭火器材的规范放置如图 1-3-10 所示。

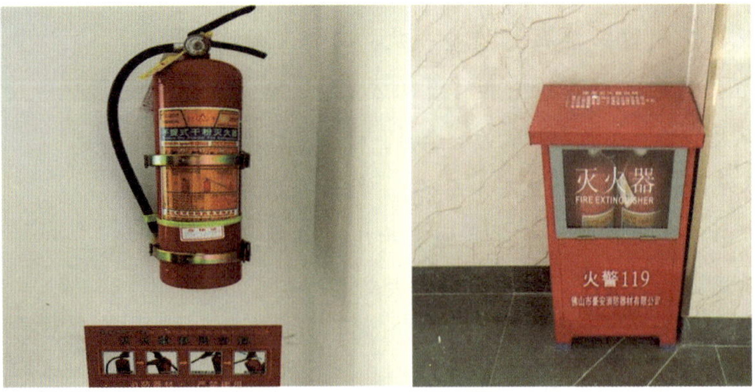

图 1-3-10　灭火器材的规范放置

小的灭火毯（如 40 cm×40 cm）可以挂在通风橱的内侧壁上，也可以放在台面一角或抽屉里，大的灭火毯（如 120 cm×120 cm）可以折好放在灭火器箱上。

干沙一般装在红色的铁质消防桶中，桶呈半圆形，便于紧贴墙挂着，也可在靠近灭火器箱的地面上放置。

3. 安全疏散和逃生自救

实验室作为科学研究和人才培养的重要基地，因使用多种危险化学品和各类电气设备，常常发生火灾等意外状况。

（1）逃生方式

1）利用疏散通道（见图 1-3-11）逃生。每个建筑物按规定设有室内楼梯、室外楼梯，有的还设有自动扶梯、消防电梯等。发生火灾后，尤其是在火灾的初起阶段，疏散通道是逃生的有效途径。在下楼逃生时，应抓住扶手，以免被人群撞倒、踩伤。

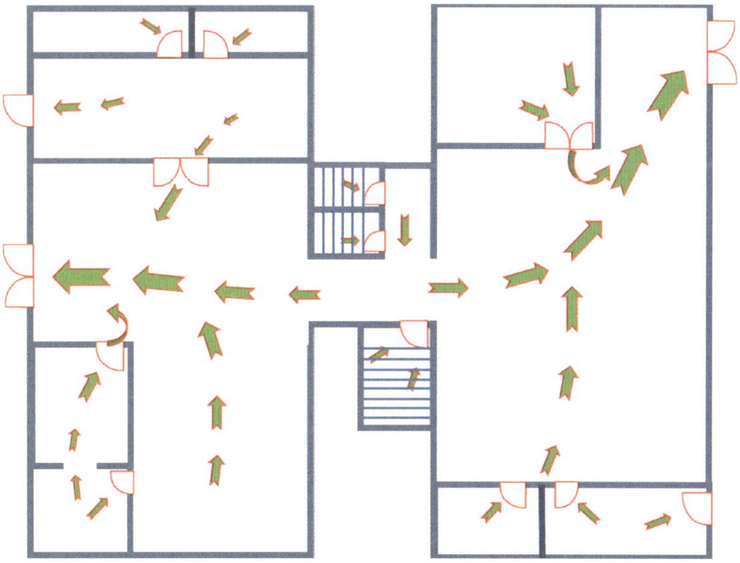

图 1-3-11 疏散通道

2）自制器材逃生。建筑物发生火灾后，可利用逃生的物品比较多，要学会随机应变。例如，利用毛巾、口罩捂住口、鼻，作为防烟工具；利用绳索、布匹、床单、地毯、窗帘来开辟逃生通道；利用各种劳动防护用品，如安全帽、摩托车头盔、工作服等作为遮挡物，以避免烧伤和被落物砸伤。

3）利用建筑物现有设施逃生。发生火灾时，如果上述两种方法都无法逃生，可利用落水管、房屋内外的突出部分、门窗、建筑物上的避雷线（网）逃生，或转移到安全区域。利用这种方法时，既要大胆，又要细心，否则容易出现伤亡。

4）寻找避难处所逃生。在无路可逃的情况下，应积极寻找避难处所。例如，到阳台、楼层平顶等待救援；选择火势、烟雾难以蔓延的房间，如卫生间等，关好门窗，堵塞缝隙，房间如有水源，应立即将门、窗和各种可燃物浇湿，以阻止或减缓火势和烟雾蔓延。无论白天或夜晚，被困者都应大声呼救或挥舞毛巾等，不断发出各种呼救信号，以引起救援人员的注意，帮助自己脱离困境。

5）视火情拨打报警电话求救，并到明显位置引导消防车。

实验室安全事故应急处理注意事项

实验室一旦发生安全事故，要保持镇定，确定事故类型，及时拨打相应的报警电话，并立即向学校保卫处和实验室设备管理处报告。

1）火情现场工作人员立即采取措施处理，防止火势蔓延并迅速报告。明确火灾发生的位置，判断火灾发生的原因，如压缩气体、液化气体、易燃液体、易燃物品、自燃物品着火等。

2）明确火灾周围环境，判断是否有重大危险源分布及是否会带来次生灾害。

3）明确救灾的基本方法并采取相应措施，按照应急处置程序，采用适当的消防器材进行扑救。木材、布料、纸张、橡胶以及塑料等固体可燃材料的火灾，可采用水冷却法，但对珍贵图书、档案火灾，应使用二氧化碳、卤代烷、干粉灭火剂灭火。易燃、可燃液体及油脂类等化学药品火灾，使用大剂量泡沫灭火剂、干粉灭火剂将液体火灾扑灭。带电电气设备火灾，应切断电源后再灭火，因现场情况及其他原因不能断电需要带电灭火时，应使用干沙或干粉灭火器，不能使用泡沫灭火器或水。可燃金属如镁、钠、钾及其合金等火灾，应用干沙或干粉灭火器等来灭火。

4）依据可能发生的危险化学品事故危害程度划定危险区，对事故现场周边区域进行隔离和疏导。

（2）逃生演练

1）逃生演练的目的如下：

①增强师生的安全意识，确保在突发事件来临时，师生能有组织、快速、高效地安全疏散。通过反复演练，学生掌握逃生的方法，积累实战经验，减少意外伤害。

②提高师生在实验室事故发生时的应急处理能力和自我保护能力。通过组织现场训练，学生掌握干粉灭火器、二氧化碳灭火器的使用方法，能正确处理突发事件，学会相互配合，整体提高应对危机的协作处置能力。

③通过演练活动，培养学生听从指挥、团结互助的职业素养。不断发现疏散演练

过程存在的问题，修订、完善应急预案，增强应急预案的实效性、可操作性。

2）逃生演练的目标如下：

①发现着火点应及时扑灭，将火灾控制在初起阶段，时间控制在 3~5 min。

②人员疏散应选择正确的疏散通道，火灾最佳逃生时间应控制在 90 s 内。

③火灾报警时，能够沉着冷静地说清火灾的内容，如火灾初起阶段的情况，包括起火单位名称、地址、起火部位、什么物资着火、有无人员被困、有无有毒或爆炸危险物品等，同时要讲清报警人姓名和电话，以便随时联系。

3）逃生演练原则。以人为本，疏散为主；统一指挥，共同参与，分工协作；反应迅速，措施得当。

4）逃生演练基本情况说明。为了增强实战的针对性和实验场所着火的真实性，现场应采用演习烟幕弹模拟火场效果，演习时间由负责实验室的领导研究决定，演习地点为实验场所可能发生火灾的某实验室。

演习前，首先制定逃生演练实施方案。参与演练的全体师生必须明确实验场所在校园的位置、实验场所各实验室分布情况、可能发生火灾的某实验室在实验场所的具体位置、学生详细疏散通道等情况；熟悉消防器材在实验场所分布情况，熟悉常见防毒面具、急救箱等位置；了解可能发生火灾的某实验室的实验内容、所用化学试剂和仪器等详细信息。

5）逃生演练的组织机构及职责。组织机构主要有现场指挥、现场副指挥、疏散引导组、灭火行动组、通信联络组、火场警戒组等。

①现场指挥。现场指挥平时负责指导学生灭火和应急疏散的宣传教育、培训演练工作。实训时，接到火情报告后，现场指挥应立即了解火灾现场情况，组织并指挥师生进行紧急撤离；对火势的发展应做出准确判断，组织并指挥师生利用现有消防器材对着火部位进行扑救。消防队到达现场后，现场指挥应配合做好火灾扑救工作。火灾扑灭后，现场指挥应组织人员对火灾现场进行保护，并配合消防部门做好火灾原因调查。演习结束后，现场指挥应组织师生做好各项恢复工作，保证教学秩序正常进行，并做好逃生演练总结工作。

②现场副指挥。现场副指挥平时配合现场指挥做好对学生灭火和应急疏散的宣传教育、培训演练工作。实训时，接到火情报告后，现场副指挥应立即配合现场指挥做好火灾扑救、人员疏散工作。消防队到达现场后，现场副指挥应配合做好火灾扑救工作。火灾扑灭后，现场副指挥应组织人员对火灾现场进行保护，并配合消防部门做好火灾原因调查。演习结束后，现场副指挥应配合现场指挥做好各项恢复工作，保证正常教学秩序，并做好逃生演练总结工作。

③疏散引导组。接到危险信号后，疏散引导组应按照现场指挥的指令，迅速组织

实验室师生进行疏散。1分钟内组织全部人员就近从出口撤离，疏散到指定地点集合。各疏散引导人员应在5分钟内完成人员集合并清点人数，将疏散情况上报现场指导教师，防止还有人员留在火灾现场。疏散引导组应对受火灾威胁的危险物品和贵重物品进行转移，并执行现场指挥发出的其他指令。

④灭火行动组。接到火警信息后，灭火行动组应按照现场指挥和灭火行动组组长的指令，利用火场现有的消防器材、设施对初起火灾进行扑救和控制。灭火行动组还负责对火场受伤人员进行救治，将其转移到安全地点，并执行现场指挥发出的其他指令。

⑤通信联络组。发现火灾后，通信联络组应及时向应急救援中心报警，拨打火警电话“119”，同时通知单位领导；拨打医疗急救电话“120”，联系当地最近医院对火场受伤人员进行转移救治；联系学校后勤部门对火场进行断电；对火场所需物资和人员进行调配。通信联络组应熟练掌握相关抢险救援单位、部门、人员的联系方式。

⑥火场警戒组。火场警戒组应对进入火场的主要路口、通道进行警戒，防止无关人员进入，防止疏散出来的人员再次回到火场。火场警戒组应看守从火场疏散出来的物资，防止丢失和被盗。火灾扑灭后，火场警戒组应对火场进行保护，防止人员破坏现场，便于消防部门的调查。演习结束后，火场警戒组应对演习现场进行清理等。

6）逃生演练注意事项如下：

①现场指挥应坚持“救人第一”的思想，立即按照逃生演练实施方案，指挥疏散引导组展开行动任务。临时指挥部设在实验楼安全平台。

②疏散引导组应疏散引导师生就近从安全出口疏散。人员疏散完毕后，疏散引导组所有人员在实验楼安全平台集合并清点人数，防止有人员留在火场，并将疏散引导情况及时上报现场指挥。

③灭火行动组应携带通信工具和湿毛巾，利用发生火灾的实验室内部消防栓或灭火器，对室内的火势进行扑救和控制，防止火焰向周围蔓延。根据现场指挥的指令，灭火行动组应对受伤师生进行现场救治、转移。

④其他注意事项。参加演练的学生要服从命令、听从指挥，态度严肃认真，严禁嬉笑打闹。所有学生要熟悉和明确逃生演练实施方案、疏散路线、疏散目的地，明确逃生演练目的。在演习中，各组人员要保持通信畅通，人与人、组与组之间要相互配合。演练展开后，各组要沉着冷静，保持秩序，防止混乱现象发生。参加演练的人员熟悉各自的分工和职责，所有设备和器材要按操作规程准确操作。注意自我保护，防止安全事故发生。

二、用电安全

电是进行科学实验的基本条件，各种实验的观察、检测、分析等仪器设备都离不开电。用电的同时也存在许多危险，若操作不当，会导致严重的电气事故。电气事故包括人身事故和设备事故。人身事故轻则使人受皮外伤，重则使人丧命，造成严重的后果；设备事故轻则破坏仪器设备，重则引起火灾，导致不可逆转的损失。例如，人员缺少用电安全知识，实验中容易引发触电、燃烧、爆炸等事故。因此，为了保障安全用电，除了要掌握电的基本性能和规律外，还需要掌握安全用电的基本知识。

1. 用电安全的重要性

随着教育事业的发展和教育现代化程度的提高，学校的教学、科研、实习、实验及学生的生活各个方面越来越离不开电。电比较抽象，具有看不见、听不到、嗅不着的特点，以致触电事故往往带着某种程度的神秘性。况且学校人员密集，学生安全意识淡薄，普遍缺乏安全知识，用电安全事故时有发生。因此，加强安全用电的管理和教育显得尤为重要。

据相关部门统计，我国电气火灾约占全国火灾总数的 20%。当前，技术先进的国家每生产 30 亿千瓦时电，触电死亡 1 人，而我国约每生产 1 亿千瓦时电就触电死亡 1 人。因此，为了防止各类用电事故发生，保护劳动者的安全和健康，安全用电技术必须不断发展。

人体因触及高电压的带电体而承受过大的电流，以致引起死亡或局部受伤的现象称为触电。另外，带电体与人体之间闪击放电或电弧波击中人体，也会造成触电。

资料卡

触电对人体的伤害

电流对人体造成的伤害分为电击和电伤。电流通过人体后，肌肉会产生收缩，造成损伤。电流流过人的心、肺、大脑时，伤害最为严重，这种情况称为电击，轻者有打击疼痛感，重者致死。电伤包括电弧烧伤、烫伤、电光性眼炎等。与电击相比，电伤属于局部伤害，但电伤往往与电击同时发生。

触电对人体的伤害与电流种类、大小、途径、接触部位、持续时间及人的健康状态都有关系。

1）触电伤人的主要因素是电流，而电流大小又取决于触电电压和人体电阻。通常，36 V 以下的电压对人体危害不大，所以，将 36 V 规定为安全电压。

2）交流电对人体的伤害比直流电大。我国日常用的频率为 50 Hz 的交流电，就是危险性比较大的一种。

3）触电时间越长，对人体伤害越大。

4）电流通过人体的途径不同，对人体的伤害情况也不同。电流通过大脑、心肺或中枢神经系统时最危险。

5）人体触电后容易因剧烈痉挛而摔倒，导致摔伤、坠落等二次事故。

（1）触电事故的类型、特点及原因

一般按接触电源的情况不同，可将触电分为单相触电、两相触电、跨步电压触电和雷电触电 4 种类型。

1）单相触电（见图 1-3-12）。人体接触一根火线所造成的事故称为单相触电。单相触电又分电网中性点接地的单相触电和电网中性点不接地的单相触电。在电网中性点接地的单相触电中，人体承受的电压为 220 V，触电的后果较为严重。

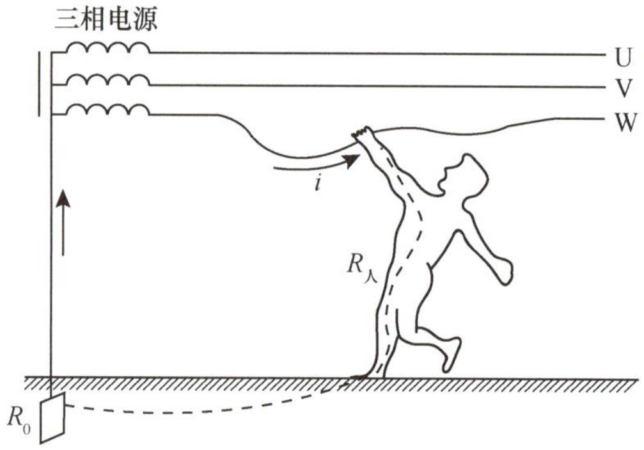

图 1-3-12　单相触电

2）两相触电（见图 1-3-13）。人体同时接触设备或线路中的两根火线所造成的触电为两相触电。若人体触及一相火线、一相零线，人体承受的电压为 220 V；若人体触及两根火线，则人体承受的电压为线电压 380 V。两相触电对人体的危害更大。

3）跨步电压触电（见图 1-3-14）。三相电线偶有一根电线断落在地面，其在落地点将形成强电场，此电场的强弱与所处位置和电线落地点的距离有关。当两脚所处位置不同时，两脚之间会形成电压差，当此电压差较大时，就会对人体造成伤害。

4）雷电触电。雷电触电是指雷雨云对地面突出物产生放电的现象，是一种特殊的触电方式。雷击感应电压极高，会造成人员伤亡、设施损坏。

（2）触电事故的特点

1）触电事故多发生在非专职电气操作人员身上。尤其是学校师生，由于缺乏电气

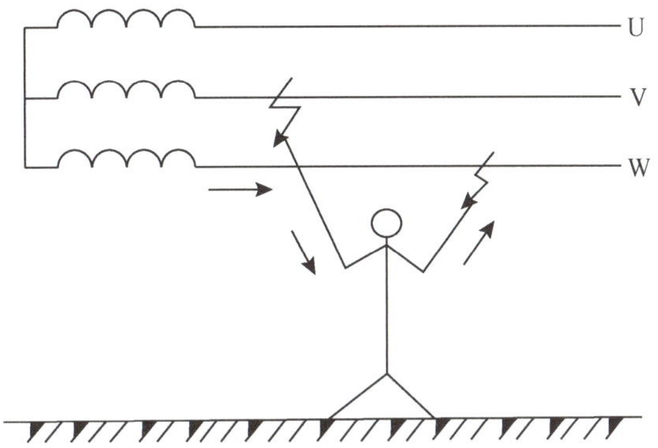

图 1-3-13 两相触电

图 1-3-14 跨步电压触电

作业的专业知识，更易发生触电事故。

2）触电事故多发生在夏季。因夏季气候潮湿、多雨，电气设备的绝缘性能下降，人身体多汗，人体电阻下降，触电的危险增加。

3）低压工频电源的触电事故较多。学校广泛使用的是 220 V 和 380 V 的低压电源，相对于供电传输过程中的高压电，许多人不够重视，容易引起触电事故。

4）触电事故与工作环境有一定的关系。学校人员密集，部分师生缺乏安全用电知识，实验过程中不太熟悉安全操作规程，易发生触电事故。尤其是技工学校，实习实验较多，更要加强安全用电工作。

案例分析

2016 年 1 月 10 日 11 时左右，北京化工大学一化学实验室突然起火，并伴有刺鼻气味的黑烟冒出。

经初步调查，实验室内冰箱电线短路引发自燃导致起火，过火面积约 2 m^2，没有造成人员伤亡。灭火后，实验室内飘出刺激性气味，即使站在楼道里，也觉得眼睛和嗓子呛得难受。起火后的实验室如图 1-3-15 所示。

图 1-3-15　起火后的实验室

★想一想：通过以上案例，你得到什么启示?

2. 电气线路安全

实验室所使用的各种装置，如电气装置、机械装置、高压装置、高温和低温装置、玻璃器具等，如果操作错误，都有可能发生危险并造成伤害。触电是实验室常发生的危险事故之一，从触电原因来看，多为使用者在不知道电器漏电的情况下发生触电。因此，在使用电器时，要特别注意检查电器是否正常。实验室常见触电隐患如图 1-3-16 所示。

（1）触电事故的原因

1）线路短路。线路安装不正确或使用不当，绝缘层破损，火线与零线相碰等，易造成线路短路。例如，导线被金属铁钉磨破，过墙、过楼板导线被挤压、擦伤、受潮等引起短路。短路时，电流强度比正常时大几十倍，在短时间内将产生大量的热量，温度急剧上升，使绝缘层起火或引燃可燃物而造成事故。

2）线路超负荷供电。供电线路敷设时容量考虑不足或负荷增加，使导线超负荷过热而引起事故。此事故多发生在电路设计不足的场合，如作为开关的过电流保护断路器额定电流过大，如图 1-3-17 所示。

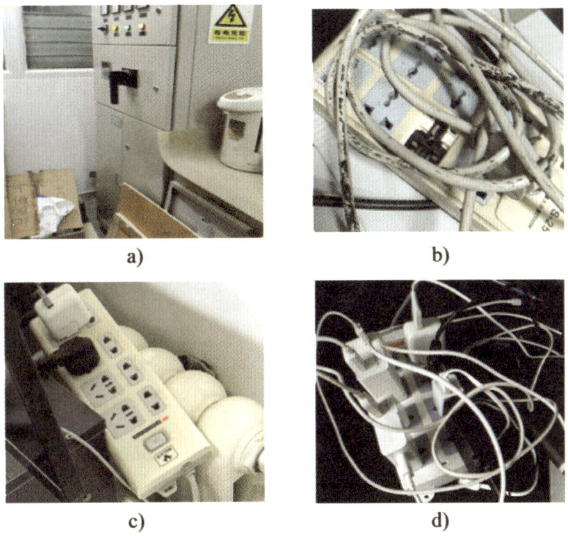

图 1-3-16　实验室常见触电隐患

a）配电箱周围堆放杂物　b）接线板破损且不符合国家标准

c）接线板置于暖气上　d）线路混乱

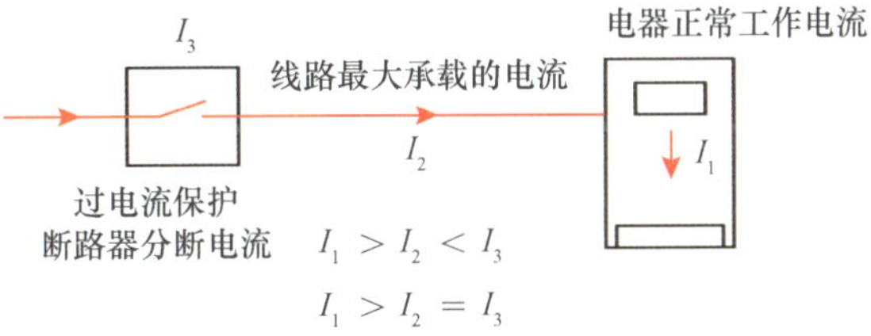

图 1-3-17　过电流保护断路器额定电流过大

3）插头、插座容量考虑不足。安装时，插头、插座容量考虑不足，使插头、插座过负荷工作，或者由于插座不够用，将活动插座板插在插座上使用，超出插座的额定功率，插座因容量不足发热而引起事故。

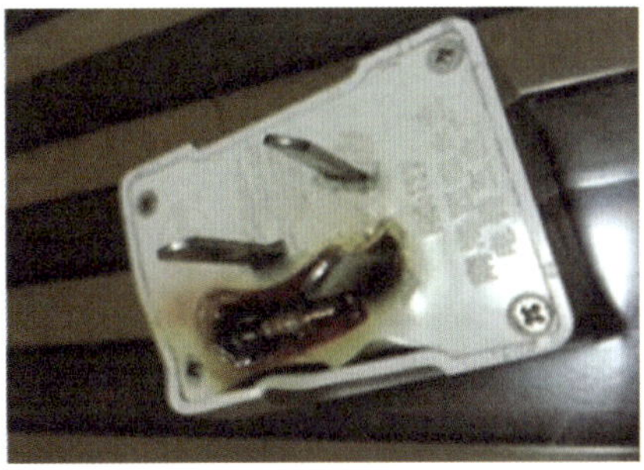

图 1-3-18　接头因接触不良而发热

4）接头因接触不良而产生火花。例如，线路中导线的接头、导线与开关的接头、插头与导线的连接处、插座与导线的连接处等未接牢固，或长期使用后腐蚀氧化，使接触电阻增大，就有可能在接头处产生火花，使接头处发热而引起事故（见图 1-3-18）。

5）熔断体过粗或用铜丝代替熔断体（见图 1-3-19）而引起事故。如果熔断体选用错误，一旦线路过负荷或短路，熔断体无法熔断，就不能切断电路起到保护作用。

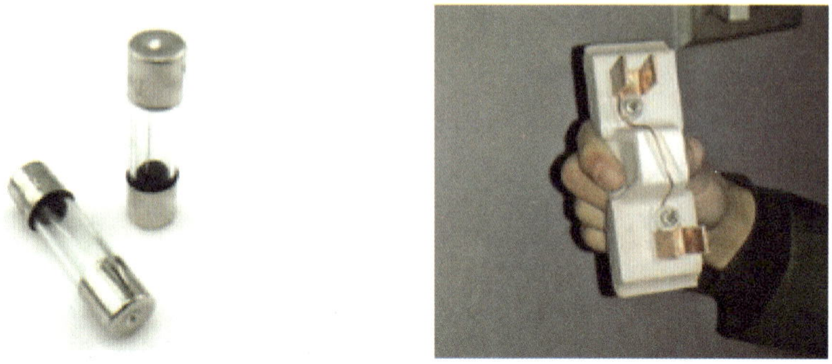

图 1-3-19　熔断体过粗或用铜丝代替熔断体

6）低压断路器或漏电保护器选用不当。低压断路器容量选择不正确，漏电保护器选用低劣的产品等，致使出现故障不跳闸而引起事故。烧毁的低压断路器如图 1-3-20 所示。

图 1-3-20　烧毁的低压断路器

7）缺乏安全用电常识。用湿手接触电器，拔插头时强拉硬扯，清洁、维护、保养电器时没有关闭电源，用湿抹布擦拭设备，易引发事故。

（2）安全用电的基本方法

1）开关、插座及电器（特别是电热及大功率设备）周围禁止存放易燃物。

2）必须安装漏电保护器作为末级漏电保护，额定漏电动作电流应不大于 30 mA，额定漏电动作时间应小于 0.1 s。遇触电或火灾时，漏电保护器能在最短的时间内切断电源。漏电保护器及其保护原理如图 1-3-21 所示。

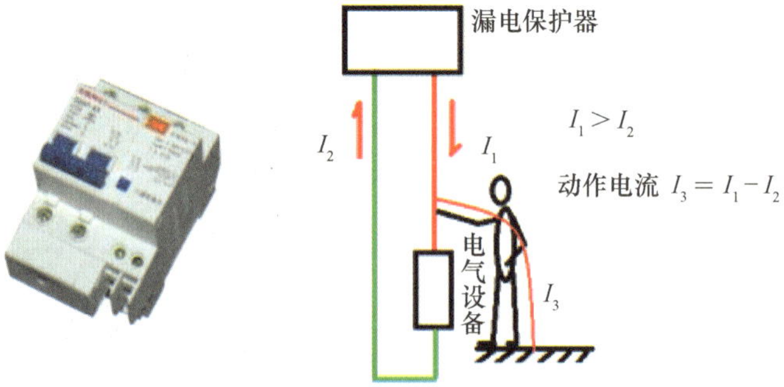

图 1-3-21　漏电保护器及其保护原理

3）三孔插座接线（见图 1-3-22）应正确。插座顶端应有接地保护线，插座左侧为零线，右侧为火线，不得错接。防止外线改动使火线与零线接反。

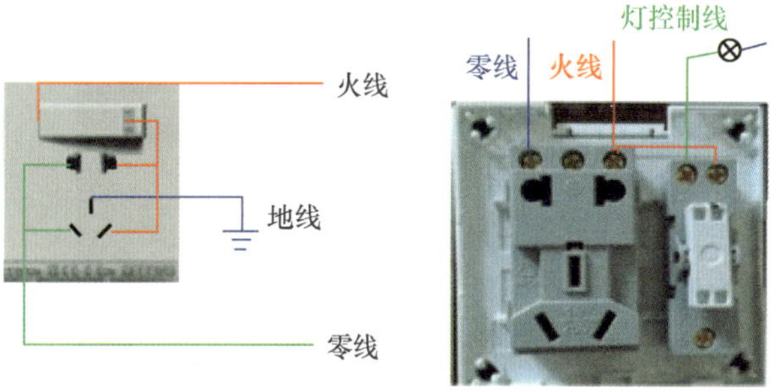

图 1-3-22 三孔插座接线

4）选用合格的三孔插座和活动插座板（见图 1-3-23）。一定要选用经过国家质量认证的合格产品。需要特别注意的是，活动插座板的线径较细，只适合连接功率小的电器。要经常检查插座，看是否有烧焦、变形的迹象，发现异常要立即更换，不能延误。最好选用带 3C 产品认证（见图 1-3-24）的产品。

图 1-3-23 活动插座板

图 1-3-24 3C 产品认证

5）漏电保护器（见图 1-3-25）要经常试跳，以防止工作不正常。

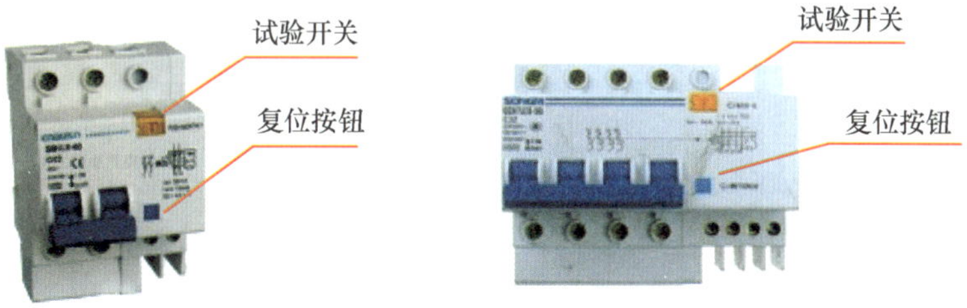

图 1-3-25 漏电保护器

6）不要在原线路上私拉乱接线路，或随意接插大功率电气设备。

7）禁止不接插头就将裸头导线直接插入插座中使用（见图 1-3-26）。

图 1-3-26　裸头导线直接插入插座中使用

案例分析

2019 年 2 月 27 日 0 时 42 分，江苏省某大学教学楼内一实验室发生火灾，学校报警后，“119”“110”迅速到场。因为火势蔓延迅速，整栋大楼浓烟滚滚，9 辆消防车、43 名消防员到达现场后，用水枪喷射明火并且降温，1 时 30 分火灾被扑灭。教学楼外墙面被熏黑，窗户破碎，警方及学校保卫部门封闭现场。火灾烧毁三楼热处理实验室内办公物品，并通过外延通风管道引燃五楼顶风机及杂物。当时没有人在大楼里，没有人员受伤。事故原因为夜间实验室未关闭电源，导致电路火灾。

★想一想：通过以上案例，你得到什么启示？

3. 常用仪器设备安全

1）经常检测仪器设备外壳是否带电。用测电笔（见图 1-3-27）检测时应先确认测电笔完好，因为测电笔氖管损坏时，就会将有电误判为无电。

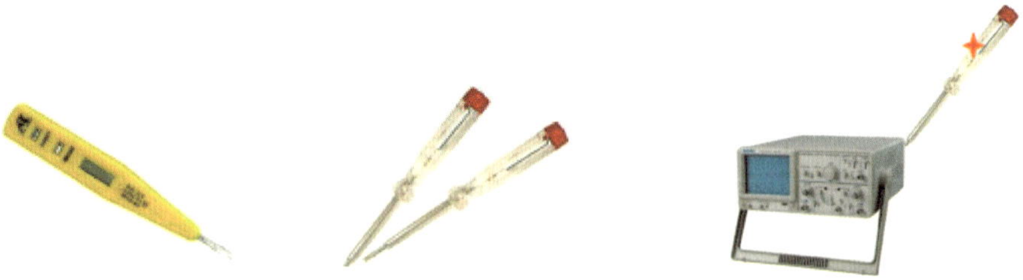

图 1-3-27　测电笔

2）仪器设备应可靠接地，以便仪器设备发生破壳接地时漏电保护器能迅速切断电源，同时也可预防剩余电荷触电、感应电压触电、静电触电。

3）在使用仪器设备时，人员不能离开，应注意仪器设备运行状况，一旦有异常声响、气味、打火、冒烟等现象出现，就要立即关机并停止使用，待查明原因、排除故障后再继续使用。

4）进实验室（强电实验的电工实验室、电气配电实验室等）要穿电绝缘鞋，仪器设备周围要铺绝缘垫，特别是经常使用或容易漏电的仪器设备要铺绝缘垫，以防止触电。

5）使用完毕要随手切断电源，正确拔掉电源插头（见图 1-3-28），禁止用拉导线的方法拔下电源插头。搬动或维修仪器设备时，一定要先拔掉电源插头。

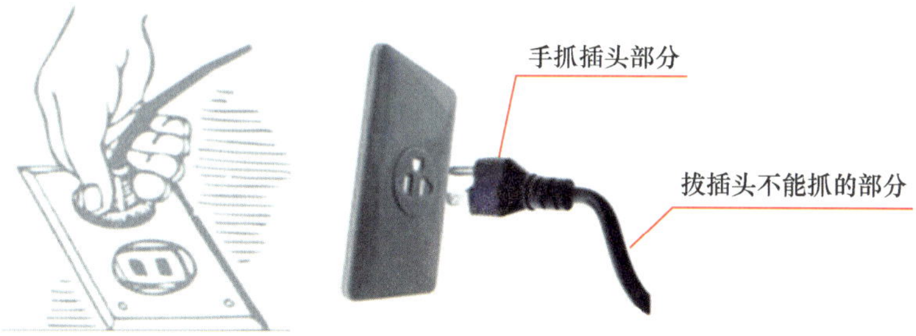

图 1-3-28　正确拔掉电源插头

6）实验时最好把实验室的前、后门打开，以便在发生事故时能够快速撤离现场。

7）做好仪器设备的超前维修工作。要定期检修仪器设备，从中发现问题并及时处理，把一切事故隐患消灭在萌芽状态。

8）养成不用手掌摸仪器设备的好习惯，更不能用湿手接触仪器、电线。

9）平时要注意仪器设备防潮、防霉、防热、防尘，尤其是暑假后，一定要在使用前对各类仪器做检查和干燥处理。

★特别提示：潮湿天气使用仪器前，最好提前开启抽湿设备（或者空调）进行抽湿处理，然后再进行实验。

10）实验室要配置不导电的灭火剂，如喷粉灭火机使用的二氧化碳、四氯化碳或干粉灭火剂等，以防带电灭火时触电。

11）拥挤的楼道及可能有险情的地方要安装应急灯。

实验室仪器设备用电安全是保障人员生命财产安全的重中之重。合理、合规、正确地操作设备，保障设备用电安全是实验室人员必须掌握的基本常识，实验室人员应熟知实验室安全用电基本要求和操作要求。

实验室安全用电基本要求

1）实验室内电气设备及线路必须严格按照安全用电规程和设备的要求安装，不许乱接、乱拉电线，墙上电源未经允许不得拆装、改线。

2）在实验室同时使用多种电气设备时，其总用电量和分线用电量均应小于设计容量。连接在接线板上的用电总负荷不能超过接线板的最大容量。

3）实验室内应使用低压断路器并配备必要的漏电保护器，电气设备和大型仪器应接地良好，对电线老化等隐患要定期检查并及时排除。

4）不得使用闸刀开关、木质配电板。

5）接线板不能直接放在地面，不能多个接线板串联。

实验室安全用电操作要求

1）实验前先检查电气设备，再接通电源；实验结束后，先关电气设备，再关闭电源。

2）在实验室做强电实验时，必须两人以上方可开展实验。在实验平台要有警示牌（有电危险）或者警示线。实验过程中要保证有人看守，实验完毕后要及时断电。

3）实验室人员离开实验室或遇突然断电，应关闭电源。已停电的开关柜上必须悬挂“禁止合闸、有人工作”警告标志。

4）在配电室周围设置醒目的“高压危险，请勿靠近”警告标志，并标明电压等级。

5）不得将供电线随意放在通道上，以免因绝缘破损造成短路。电气设备在未验明无电时，一律认为有电，不能盲目触及。

6）切勿带电插、拔、接电气线路。

7）做完实验或离开实验室要及时断电，确保实验装置不带电。

8）对于高压电容器，实验结束后或闲置时，应串接合适电阻进行放电。

实验室电气设备防火要求

1）经常检查电气设备的运行情况，如接头是否松动，有无电火花，电气设备的过载、短路保护装置性能是否可靠，设备绝缘是否良好。

2）在有易燃易爆物品的场所安装、使用电气设备时，应选用防爆电气设备，绝缘导线必须密封敷设于钢管内。应按爆炸危险场所等级选用、安装电气设备。

3）保持必要的安全间距是电气防火的重要措施之一。为防止电气火花和危险高温引起火灾，凡能产生火花和危险高温的电气设备周围不应堆放易燃易爆物品。

4）电气设备运行中产生的火花和危险高温是引起电气火灾的重要原因。为控制电气火花和危险高温，保障电气设备的正常运行，应由经培训考核合格的人员操作使用和维护保养电气设备。

5）在易燃易爆危险场所运行的电气设备，应有良好的通风，以降低爆炸性混合物的浓度。其通风系统应符合有关要求。

6）易燃易爆危险场所的接地比一般场所要求高。不论其电压高低，正常不带电装置均应按有关规定可靠接地。

4. 触电急救方法

（1）触电急救的总体原则

触电急救的要点是动作迅速、救护得当。触电急救的八字原则是“迅速、就地、准确、坚持”。发生触电后，应立即使触电者脱离电源，最妥善的方法是立即将电源开关断开，切断电源，确保触电者脱离电缆、电线或带电的物体。

若电源开关离现场太远或仓促间找不到电源开关，则应用干燥的木器、竹竿、扁担、橡胶制品、塑料制品等不导电物品将触电者与电线或电气设备分开，或用木制长柄的刀斧砍断带电电线。分开了的电气设备仍处于带电状态，不可接触。救助者切勿以手直接推拉、接触或以金属器具接触触电者，以保障自身安全。触电急救的具体方法如下：

1）若触电者清醒，呼吸、心跳自主，应让其就地平卧，严密观察，并送附近医院急救。

2）触电者脱离电源后若意识丧失，救助者应立即进行下一步的抢救。

使触电者仰卧在平地或木板上，头向后仰，松解影响呼吸的上衣领口和腰带，立即进行口对口人工呼吸和胸外心脏按压，并要坚持不懈地进行，直至触电者清醒或出现尸僵、尸斑为止。在对触电者进行心肺复苏的同时，要设法与附近的医院取得联系，以便为触电者争取到更好的抢救条件。对于雷电击伤的触电者，要采取相同的急救措施。

3）在等待医疗援助期间，在电进入和穿出的伤口处涂少量的抗菌或烧伤药膏，以防止创面污染。同时使触电者保持仰卧位，脚和腿抬高。

4）触电者脱离电源后必须立即就地实施抢救，千万不能停止救治而长途送往医院治疗。

触电严重者应边送往医院边进行急救，且不能停止，一直到交给医生。就地抢救，主要采用人工呼吸或胸外心脏按压法。

5）急救及护理必须坚持到底，不得停止，直到触电者经医生做出无法救活的诊断后方可停止。

一般情况下，应使触电者尽快脱离电源。针对高压触电和低压触电情况，应有不同的处理方法。

（2）低压触电急救方法

低压触电可采用下列方法，使触电者脱离电源：

1）如果触电地点附近有电源开关或电源插座，可立即拉开开关或拔出插头（见图 1-3-29），断开电源。但应注意，拉线开关或墙壁开关等只控制一根线的开关，有可能因安装问题只能切断零线而无法切断火线。

2）如果触电地点附近没有电源开关或电源插座，可用有绝缘柄的电工钳或有干燥木柄的斧头切断电线，断开电源，如图 1-3-30 所示。

图 1-3-29　拉开开关或拔下插头

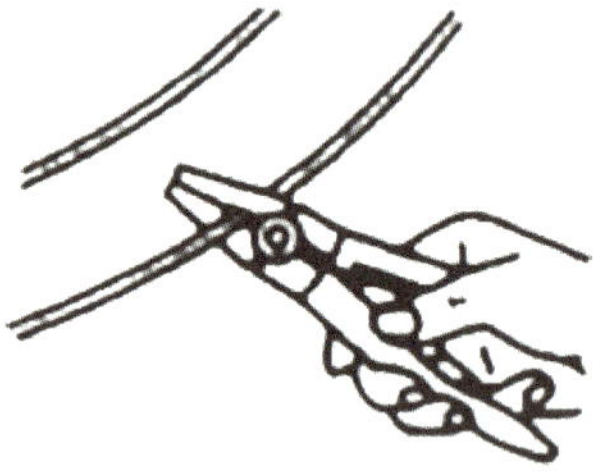

图 1-3-30　电工钳切断电线

3）当电线落在触电者身上或被压在触电者身下时，可用干燥的衣服、手套、绳索、皮带、木板、木棒等绝缘物作为工具，拉开触电者或挑开电线（见图 1-3-31），使触电者脱离电源。

4）如果触电者的衣服是干燥的，又没有紧缠在身上，可以用一只手抓住其衣服，将触电者拉离电源。但因触电者的身体是带电的，其鞋的绝缘也可能遭到破坏，救助者不得接触触电者的皮肤和鞋，可穿着电绝缘鞋或脚踩木板并佩戴绝缘手套进行施救，如图 1-3-32 所示。

图 1-3-31　木棒挑开电线

图 1-3-32　脚踩木板并佩戴绝缘手套进行施救

5）若触电发生在低压带电的架空线路上或配电台架、进户线上，可立即切断电源的，应迅速切断电源。救助者迅速登杆或站在可靠的地方，并做好自身防触电、防坠落安全措施，用带有绝缘柄的钢丝钳、绝缘物体或干燥不导电物体等工具将触电者脱离电源。

(3) 高压触电急救方法

高压触电可采用下列方法使触电者脱离电源：

1) 立即通知有关供电企业或用户停电。

2) 戴上绝缘手套，穿上电绝缘鞋，用相应电压等级的绝缘工具按顺序断开电源开关或熔断器。

3) 抛掷金属线使线路短路接地，启动自动保护装置，断开电源。抛掷金属线之前，应先将金属线的一端可靠固定并接地，然后另一端系上重物抛掷，注意抛掷的一端不可触及触电者和其他人。另外，抛出金属线后，要迅速离开接地的金属线 8 m 以外或双腿并拢站立，防止跨步电压伤人。在抛掷金属线时，应注意防止电弧伤人或断线危及人员安全。

★注意事项

1) 未切断电源前，救助者切勿用手直接拉碰触电者，否则自己也会触电。

2) 对于触电者的急救应分秒必争。有些严重触电者当时症状虽不重，但在 1 小时后可突然恶化，所以不能掉以轻心。有些触电者心搏和呼吸极其微弱，甚至暂时停止，处于“假死状态”，其实正是抢救的黄金期，不可轻易放弃对触电者的抢救。

3) 对于呼吸、心搏停止的触电者，应一面进行心肺复苏，一面紧急联系附近医院做进一步治疗。在转送触电者途中，抢救工作不能中断。

资料卡

电气火灾的应急处理方法

1) 发生电气火灾时，首先迅速切断电源（拉下电闸、拔出电源插头等），以免事态扩大。

2) 当电源线不能及时切断时，应通知变电站从供电始端切断电源，同时使用现场配置的灭火器进行灭火。灭火人员要注意人体的各部位与带电体保持充分的安全距离。

3) 扑灭电气火灾时，要用绝缘性能好的灭火剂，如干粉灭火剂、二氧化碳灭火剂或干沙，严禁使用导电灭火剂（如水、泡沫灭火剂等）扑救。

4) 发生电气初起火灾时，应先用合适的灭火器进行扑救，情况严重立即打“119”报警。报警内容应包括事故单位，事故发生的时间、地点，火灾的类型，有无人员伤亡以及报警人姓名及联系电话。

思考与练习

一、判断题

1. 要使可燃物着火不必有充足的氧气。（　）

2. 所有的火灾刚开始时都是小火，随着火灾的发展，输出的热量增多，火灾蔓延的速度和范围也越来越大，所以扑灭初起火灾最容易。（　）

3. 使用手提式灭火器的步骤：拔出销子拉环，将喷嘴对准火源，人站在上风方向，用手压住提手（压手），这时灭火剂即可喷出。（　）

4. 消防器材、设施不得用于与消防和抢险救援工作无关的事项。（　）

5. 火灾发生时，如果烟雾太浓，可大声呼叫或晃动鲜艳的衣物，以引起救助者的注意。（　）

6. 防止烟气危害最简单的方法是用湿毛巾捂嘴逃生。（　）

7. 用二氧化碳扑救室内火灾后，应先打开门窗通风，然后人再进入，这是为了防止窒息。（　）

8. 室外消防栓是供消防车灭火、清洗马路、公共绿化的设备。（　）

9. 手动报警器不可随便按动。（　）

10. 从火场出来后，可返回去取贵重物品或钱票。（　）

11. 大学生宿舍楼安装限电装置，是为了控制学生违章使用大功率电器，预防火灾发生。（　）

12. 可以拨打火警电话“119”演练报火警。（　）

13. 若宿舍门外已被大火封死，要紧闭房门，用湿毛巾等堵塞门缝，在室内等待救援。（　）

14. 普通干粉灭火剂主要由惰性气体和活性灭火组分等组成。（　）

15. 用测电笔检测时，不用确认测电笔是否完好。（　）

16. 进实验室要穿电绝缘鞋，仪器设备周围要铺绝缘垫，特别是经常使用或容易漏电的仪器设备要铺绝缘垫，以防止触电。（　）

17. 仪器设备使用完毕要随手切断电源，可以用拉导线的方法拔下电源插头。（　）

18. 人体同时接触设备或线路中的两根火线所造成的触电为单相触电。（　）

19. 触电时间越长，对人体伤害越大。 （　　）

20. 如果触电者的身体是带电的，救助者可以接触触电者的皮肤，或者抓他的鞋进行施救。 （　　）

21. 工作人员离开实验室或遇突然断电，应关闭电源；已停电的开关柜上不必悬挂“禁止合闸，有人工作”警告标志。 （　　）

22. 未切断电源前，救助者切勿用手直接拉碰触电者，否则自己也会触电。 （　　）

二、单项选择题

1. 按照《灭火器维修与报废规程》（XF 95—2007）规定，从出厂日期算起，干粉灭火器报废年限是（　　）年。

A. 5　　B. 10　　C. 15　　D. 20

2. 二氧化碳具有较高的密度，约为空气的（　　）倍。

A. 1　　B. 1.5　　C. 2　　D. 3

3. 二氧化碳灭火器一般每（　　）个月检查一次，可以采取包括零部件在内的整体外部检查和称量的方法。

A. 1　　B. 2　　C. 3　　D. 4

4. A 类火灾指固体物质火灾，通常考虑选择（　　）灭火。

A. 二氧化碳灭火器　　B. 干沙

C. 手压水枪　　D. 干粉灭火器和灭火毯

5. 室内平均温度降到温度最高值的（　　）时，则认为火灾进入衰减、熄灭阶段。

A. 50%　　B. 60%　　C. 70%　　D. 80%

6. 干粉灭火器指针在压力表（　　）区域表示工作压力正常。

A. 黄色　　B. 绿色　　C. 红色　　D. 白色

7. 在火灾的初起阶段，（　　）是逃生的有效途径。

A. 逃生通道　　B. 自制器材逃生

C. 利用建筑物现有设施逃生　　D. 寻找避难处所逃生

8. 通常将（　　）V 规定为安全电压。

A. 36　　B. 150　　C. 220　　D. 380

三、多项选择题

1. 化学实验室的种类很多，有（　　）等。

A. 无机化学实验室　　B. 有机化学实验室

C. 分析化学实验室　　D. 物理化学实验室

2. 化学实验室一般备有（　　）。

A. 二氧化碳灭火器　　B. 干粉灭火器

C. 水系灭火器　　D. 泡沫灭火器

3. 碳酸氢钠干粉灭火器（BC 干粉灭火剂）主要用于扑救有机溶剂等易燃、（　　）和电气设备引起的初起火灾。

A. 可燃固体　　B. 可燃液体　　C. 可燃气体　　D. 易燃反应液

4. 一般按接触电源的情况不同将触电分为（　　）。

A. 单相触电　　B. 两相触电

C. 跨步电压触电　　D. 雷电触电

5. D 类火灾指金属火灾，绝不能使用（　　）灭火。

A. 水　　B. 泡沫　　C. 干粉灭火器　　D. 二氧化碳灭火器

四、简答题

1. 什么是燃烧？燃烧的必要条件是什么？

2. 依据国家标准，火灾可分为几类？请举例说明。

3. 实验室火灾的发展过程分为几个阶段？

4. 灭火的基本方法有哪些？

5. 假设你所在的实验室发生了火灾，火势将门封住，你能想到的逃生自救方法有哪些？

6. 结合自己所在学校，找一找你身边有哪些火灾隐患，应如何整改？

7. 如何注意用电设备的安全？

8. 触电急救的八字原则是什么？

实训 1-3　灭火工具选用、安全疏散及电源、用电仪器识别

一、实训目的

1. 能够根据火灾情况选择正确的灭火工具。
2. 能够掌握常见灭火工具的使用方法。
3. 能够根据实验楼情况进行安全疏散。
4. 能够熟练掌握实验室内的电源和用电仪器。

二、器材准备

防护服、手套、护目镜、口罩等物品。

灭火工具：灭火毯、湿抹布、干粉灭火器、二氧化碳灭火器。

三、实训内容与步骤

1. 灭火工具的正确选择

将几种火灾情况的图片摆在实验台上，准备好灭火毯、湿抹布、干粉灭火器、二氧化碳灭火器等灭火工具，让学生自行选择，并给出选择理由。

2. 常见灭火工具的使用

准备好灭火毯、干粉灭火器和二氧化碳灭火器，学生进行抽签决定考核内容。

3. 安全疏散演习

学生根据实验楼情况画出逃生通道，并集中进行疏散演习。

4. 实验室内的电源和用电仪器

学生进入实验室，找到电源总开关，指出各电源对应控制的用电仪器。

四、实训测评

按表 1-3-2 所列实训评分标准进行测评，并做好记录。

表 1-3-2　　实训评分标准

序号	考核内容	考核标准	配分	得分
1	灭火工具的正确选择	①根据情景图片正确选择灭火工具，10 分 ②说明选择理由，15 分	25	
2	常见灭火工具的使用	①根据情景描述选择正确的灭火工具，10 分 ②能够正确使用灭火工具，15 分	25	
3	安全疏散演习	①能够根据实验楼情况画出逃生通道，15 分 ②能够根据逃生图进行疏散演习，动作快、静、齐，15 分	30	
4	实验室内的电源和用电仪器	①能够指出实验室的电源总开关所在位置，10 分 ②能够正确指出各电源对应的用电仪器，10 分	20	
合计			100	

§1-4 实验室个体防护

学习目标

1. 能够进行劳动防护用品的选用与管理。
2. 正确实施躯体防护、手部防护、眼部防护和使用通风橱。
3. 掌握消杀程序。

化学实验室承载着日常的科研及教学活动，是进行监测和实验工作的场所，经常涉及危险化学品、高温高压等危险因素，极易引发实验事故，造成人身伤害。为减少化学实验室人身伤害事故，实验过程中的个体防护作为最后一道防线非常重要。

实验人员在进入实验室前应接受实验室安全培训，内容包括劳动防护用品的重要性、劳动防护用品的正确使用方法和要求、劳动防护用品的保养和清洁，以及使用不当的严重后果。本节将介绍如何选用和管理劳动防护用品、劳动防护用品的穿戴技能，为学生顺利进入实验室做好知识和技能储备。

一、劳动防护用品的选用与管理

1. 劳动防护用品的含义

劳动防护用品是指由用人单位为劳动者配备的，使其在劳动过程中免遭或者减轻事故伤害及职业病危害的个体防护装备。其主要功能是在一定程度上保护劳动者，减轻劳动过程中的有毒有害液体、气体或误操作等对人体造成的危害。劳动者在作业过程中，应当按照规章制度和劳动防护用品使用规则，正确佩戴和使用劳动防护用品。劳动防护用品分为一般劳动防护用品和特种劳动防护用品。

（1）劳动防护用品的分类

劳动防护用品分为头部防护用品、呼吸器官防护用品、眼（面）部防护用品、听觉器官防护用品、躯体防护用品、手部防护用品、足部防护用品、护肤用品、防坠落用品 9 类。这里重点介绍呼吸器官、眼（面）部、躯体、手部防护用品 4 类。

1）呼吸器官防护用品（见图 1-4-1）。呼吸器官防护用品是为了防御有害气体、粉尘、烟、毒雾经呼吸道进入人体，确保劳动者正常呼吸的防护用品。呼吸器官防护用品按防护用途分为防尘、防毒两类，按结构和作用原理分为过滤式（空气净化式）和隔绝式（供气式）两种类型。

2）眼（面）部防护用品（见图 1-4-2）。眼（面）部防护用品是预防烟雾、尘粒、电磁辐射、激光、化学飞溅物等因素伤害眼睛和面部的防护用品。根据防护部位与防护性能，眼（面）部防护用品分为防护面罩和防护眼镜。

图 1-4-1 呼吸器官防护用品

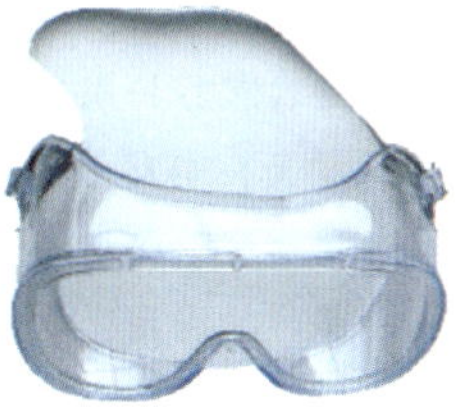

图 1-4-2 眼（面）部防护用品

3）躯体防护用品（见图 1-4-3）。躯体防护用品是减少劳动者身体伤害的防护用品，按结构、功能可划分为防护服和防护围裙两大类。防护服可分为特殊作业防护服和一般作业防护服两类。

4）手部防护用品（见图 1-4-4）。手部防护用品是劳动者根据作业环境中的有害因素佩戴的特制手套。手部防护用品按结构可分为五指手套、三指手套、连指手套、直形手套，按使用特性可分为绝缘手套、焊工手套、防水手套、防静电手套、防辐射手套等。

图 1-4-3 躯体防护用品

图 1-4-4 手部防护用品

（2）劳动防护用品的分类标准

劳动防护用品采用 4 层全数字型编码进行分类。第一层采用一位数字编码表示防护用品性质，第二层采用一位数字编码表示防护部位，第三层采用两位数字编码表示防护功能，第四层采用三位数字编码表示防护用品的材质、结构等其他属性，见表 1-4-1。

表 1-4-1　劳动防护用品编码设置

层级	具体设置
第一层	劳动防护用品性质： 特殊防护用品，以“1”表示；一般防护用品，以“0”表示
第二层	防护部位： 头部防护用品，以“1”代表 呼吸器官防护用品，以“2”代表 眼（面）部防护用品，以“3”代表 听觉器官防护用品，以“4”代表 手部防护用品，以“5”代表 足部防护用品，以“6”代表 躯体防护用品，以“7”代表 护肤用品，以“8”代表 防坠落及其他防护用品，以“9”代表
第三层	防护功能的分类与代码： “1”代表普通 “2”代表防尘 “3”代表防水 “4”代表防寒 “5”代表防冲击 “6”代表防毒 “7”代表阻燃 “8”代表防静电 “9”代表防高温 “10”代表防电磁辐射 “11”代表防射线 “12”代表防酸碱 “13”代表防油 “14”代表防坠落 “15”代表防烫 “16”代表水上救生 “17”代表防昆虫 “18”代表给氧 “19”代表防风沙 “20”代表防强光 “21”代表防噪声 “22”代表防振 “23”代表防切割 “24”代表防滑 “25”代表防穿刺 “26”代表电绝缘 “95”代表其他
第四层	防护用品的材质、结构等其他属性按防护用品种类顺序排列

2. 劳动防护用品的选用原则

在实验过程中，实验人员选用适当的劳动防护用品对自身安全具有重大保障作用，当事故发生时，可以最大限度减少对人体造成的伤害。劳动防护用品一般可以根据国家标准、行业标准或地方标准选用，或者根据生产作业环境、劳动强度以及生产岗位接触的有害因素的存在方式、性质、浓度（或强度）和防护性能进行选用。此外，劳动防护用品应穿戴舒适和方便，不影响实验人员作业。

实验人员应按照识别、评价、选择的程序（见图 1-4-5），结合作业方式和工作条件，并考虑其个人特点及劳动强度，选择防护功能和效果适用的劳动防护用品。

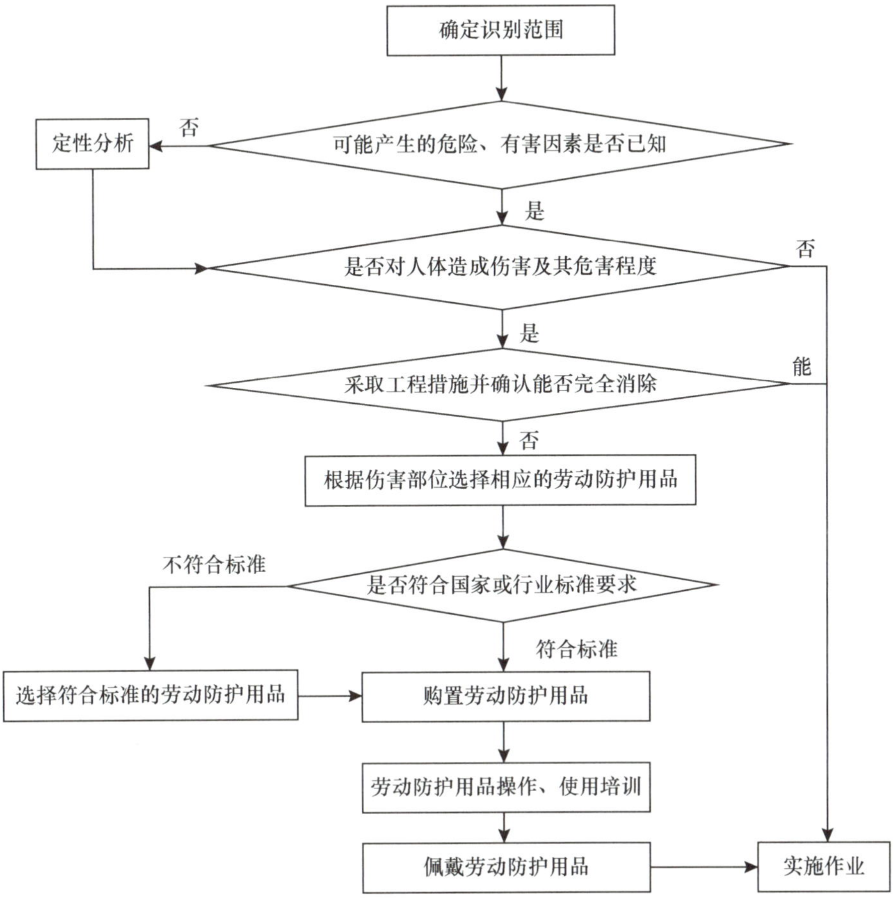

图 1-4-5　劳动防护用品选择程序

3. 劳动防护用品的管理要求

所有的劳动防护用品应根据《劳动防护用品配备标准（试行）》《用人单位劳动防护用品管理规范》配备。实验室劳动防护用品采购要求：生产劳动防护用品的单位应具备国家生产许可资质；生产的产品规格和性能符合国家质量标准；产品经过国家检验，有说明书和合格证；在采购后需要有实验室检查人员验收，并予以记录。

劳动防护用品采购完毕，应注意按照实验室的标准足额配发，避免出现劳动防护用品短缺情况；任何情况下严禁配发不合格、有缺陷、过期、报废、失效的劳动防护用品；实验室检查人员应该按照规定时间发放、巡检、回收、替换劳动防护用品。当检查发现劳动防护用品需要淘汰时，应及时更换，并做好记录。

实验人员在实验开始前应接受实验室安全培训，内容除了安全操作规程外，还包括劳动防护用品合格与否的判断、正确使用劳动防护用品的方法和要求、劳动防护用品的保养和清洁、劳动防护用品的重要性和使用不当的严重后果。实验人员参加培训的过程和结果都应有相应的记录和存档。

实验人员一般有自己固定的劳动防护用品，在平时使用时应注意定期按照说明书进行维护和保养，以免发生意外。劳动防护用品的存放应有固定的地点和位置，或者做好个人标记，避免混用、误用。尤其是眼（面）部防护用品对清洁度要求很高，必须进行定期的消毒与清洁。未经消毒的劳动防护用品不可以混用、公用。当劳动防护用品破损、过期、失效、丢失时，应及时报备。

实验室应建立劳动防护用品的检查和监督机制，开展自检、互检、巡检等活动，发现违规行为及时纠正并教育，以保障实验安全、顺利进行。

二、劳动防护用品的使用

在化学实验室正确使用劳动防护用品，是保障师生人身安全与健康的重要措施。在使用劳动防护用品前，应仔细检查，不使用标志不清、破损的劳动防护用品和“三无”产品；检查劳动防护用品的功能，确保其良好，并正确使用；定期对劳动防护用品进行检查、维护及保养，及时更换消耗品，确保劳动防护用品功能良好；定期对劳动防护用品进行清洁和消毒，防止交叉感染和污染。

1. 防护服的正确使用

化学实验过程中，实验人员必须穿着防护服，以防止躯体受到各种伤害，同时保护日常着装不受污染。根据《化学防护服的选择、使用和维护》（AQ/T 6107—2008），普通的防护服（俗称白大褂）一般为长袖、过膝，纽扣从下到上一直延伸到脖颈下方，避免皮肤与细菌、病毒或有毒试剂等直接接触；防护服多以棉或麻作为材料，以便于用高温的水来洗涤；颜色多为白色，以便于被药品、试剂等弄脏后能够及时发现并进行更换。

（1）防护服的检查

在穿着防护服前，要进行检查。检查内容包括：防护服尺寸是否与自己身高、体型相符；防护服是否完好、整洁，如果服装上有破损、严重的磨损、烧焦、老化、穿孔等明显的损坏，不允许使用；是否有乱涂乱画痕迹；前排纽扣和袖口纽扣是否齐全，有无松动；口袋是否平整，是否有不宜带入、带出实验室的物品。

（2）防护服的穿戴

进入实验室前，应在实验室门口穿戴好防护服，按照从上往下的顺序依次扣好前排纽扣，系好袖口纽扣。在实验室区域做实验时，要全程穿着防护服，不要卷起防护服袖子。防护服只能在实验室穿着，离开实验室后要立刻将其脱下并收纳好，不可穿着已污染的防护服进入办公室、会议室、食堂等人员密集的公共场所，以防交叉污染。

（3）防护服的清洗

防护服较容易受到实验药品和试剂的污染，为了避免因穿着污染的防护服而导致皮肤灼伤，要及时对防护服进行清洗、消毒。清洗时，不可将防护服与其他衣物混洗，以防污染其他衣物。

（4）防护服的标记

鉴于班上同学和实验室工作人员都穿着防护服，防护服容易混淆或丢失。为了与其他人的防护服进行区分，避免混用、误用，可以在防护服的前胸口袋、领口、袖口或者背部标签处做出标记，但是，不可在衣服上面进行大面积的涂鸦。

（5）防护服污染的应急处理

防护服被危险化学品污染后，应在指定区域脱下服装。若危险化学品接触到皮肤，应进行简单的急救处理。

1）剧毒品：立即脱去衣服，用大量水冲洗至少 15 min 并就医。

2）有毒品：脱去衣服，用大量水冲洗至少 15 min 并就医。

3）有害品：脱去污染的衣服，用肥皂水和清水冲洗皮肤。

4）腐蚀品：立即用大量水冲洗至少 15 min；如有灼伤，应就医。

2. 手部防护

手是进行实验操作，与各种化学试剂近距离接触的部位，也是在化学实验过程中最容易受到伤害的部位。轻微伤害如少量腐蚀性液体飞溅造成的脱皮，严重伤害如有机溶剂渗入手部皮肤，导致人中毒，还有因为玻璃器皿破碎和高温、低温设备造成的刺伤、烫伤、冻伤。手部防护的重要措施是佩戴防护手套。防护手套的选择流程如图 1-4-6 所示。

常见的防护手套有防热手套、低温防护手套、化学防护手套、防割手套和一次性防护手套等。防护手套的特点及用途见表 1-4-2。

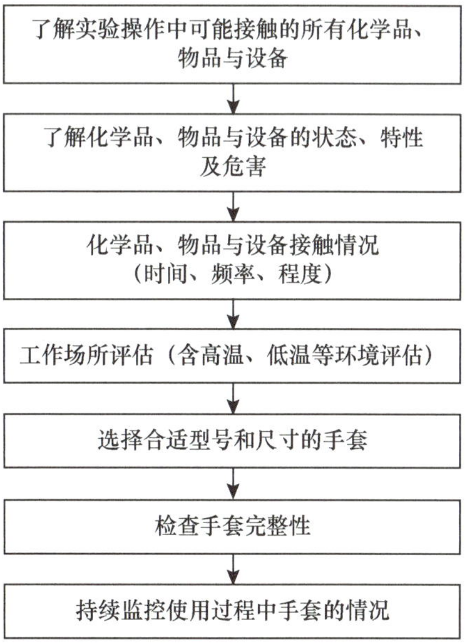

图 1-4-6 防护手套的选择流程

表 1-4-2　　　　　　　　防护手套的特点及用途

序号	名称	材质	用途及示例
1	防热手套	一般有厚皮革、特殊合成涂层、绒布等材质	用于高温环境下以防手部烫伤。例如，从烘箱、马弗炉中取出灼热的药品时，或从电炉上取下热的溶液时，最好佩戴隔热效果良好的防热手套
2	低温防护手套	皮革、低温棉等多层复合材质	用于低温环境下以防手部冻伤。例如，接触液氮、干冰等制冷剂或冷冻药品时，应佩戴低温防护手套
3	化学防护手套	常见的材质有天然橡胶、腈类、氯丁橡胶、聚氯乙烯、聚乙烯醇	当实验人员处理危险化学品或手部可能接触危险化学品时，应佩戴化学防护手套
4	防割手套	常使用杜邦材料、钢丝、织物或坚韧的合成纱材质	用于接触、使用锋利物品，或组装、拆卸玻璃仪器装置时防止手部被割伤

每一类化学品都有对应的防护手套，正确选择、使用防护手套是非常重要的。操作时，选择不合适的手套造成的后果可能比没有戴手套更严重。除此之外，选择手套时，还要根据手的大小选择正确的尺码，以便于实验操作。

（1）防护手套的检查

防护手套的检查内容主要包括：一是佩戴前应仔细检查所用手套（尤其是指缝处），确保质量完好，未老化，无破损；二是检查手套有无小孔，可通过充气法将手套膨胀至原来的 1.2~1.5 倍，浸入水中，检查是否漏气。

（2）防护手套的使用

1）戴手套前要洗净双手，防止戴上手套后，手上携带的细菌在温湿的环境下滋生，导致皮炎。

2）使用手套过程中要特别注意不可将有害物质沾染到皮肤和衣物上，防止造成二次污染。

3）实验操作过程中若接触日常物品（如门把手、笔等），则应脱下防护手套，以防有毒有害物质扩散。

4）摘掉手套后应洗净双手，并擦些护手霜，防止手部干燥。

5）沾染有害化学品的手套要当作化学废弃物处理，不可随意丢弃。

佩戴防护手套应注意，切不可共用手套，防止发生交叉污染。

3. 眼部防护

在实验中对眼睛造成伤害的事故时有发生，并且对眼睛造成的伤害及其后续影响大大超过其他伤害。大多数眼部伤害事故是由于疏忽而没有佩戴护目镜。飞溅的液体、破碎的玻璃，其速度远远超过人的反应速度，即使人侥幸躲开，也会使皮肤留下伤疤等。一般来讲，实验人员、记录人员、参观人员，只要在实验区域停留一定的时间，都需要佩戴眼部防护用品。佩戴隐形眼镜的实验人员应特别注意眼睛的保护，尤其是卫生防护，避免有害气体伤害眼睛，但在实验室可以佩戴隐形眼镜。

一般，实验室工作人员的眼部防护用品为防化学溶液眼镜，用于防御有刺激性或腐蚀性的溶液对眼睛的化学损伤。

在化学实验过程中，无论何种化学试剂溅入眼内，都应立即就地用大量水冲洗，第一时间把对眼睛的伤害降到最低，然后再做进一步的处理和治疗。因此，化学实验室应安装紧急洗眼器和紧急喷淋器。前者一般安装在实验台水池附近或楼道中间，后者可安装在实验室或楼道中间，也有两个设备一体的（见图 1-4-7），重点在于易接近和易取得。此外，应该在显著位置张贴标识，以便于节约时间，尽快找到。

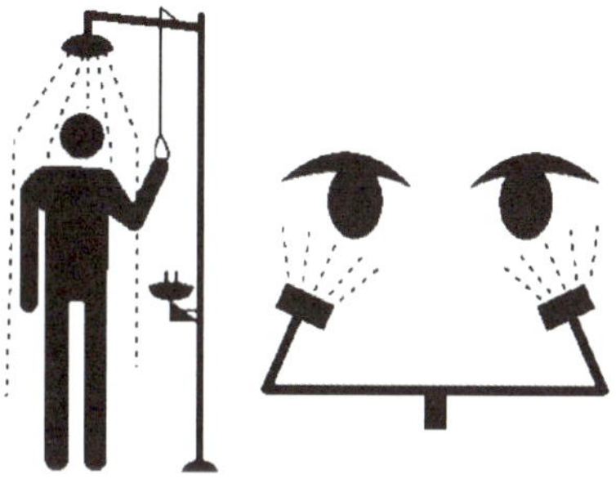

图 1-4-7 紧急冲淋洗眼器

（1）紧急洗眼器的使用

新进入实验室的学生必须经过紧急洗眼器使用培训后方可开展学习。

1）使用前，先打开进水控制阀。洗眼时，按顺时针方向轻推洗眼开关推板（配备踏板的洗眼器可踩下踏板），洗眼阀门开启。

2）洗眼器水压情况判断：待洗眼器喷头的柔和泡沫式雾状水流以 12～18 L/min 流出时可以操作。

3）洗眼操作：取下洗眼器盖，将感染者的眼睛部位摆放到洗眼器的花洒正上方，用手指撑开眼帘，用手推开阀门，用花洒中的清水冲洗眼睛，冲洗时间最少 15 min。

4）结束工作：冲洗完后应将洗眼开关推板复位并将洗眼器盖复位。如仍感不适，应立即就医。

（2）紧急喷淋器的使用

紧急喷淋器的使用较为简单，拉动手环开关可开启喷淋，洗去感染者身体上的有毒有害物质。

（3）紧急洗眼器与紧急喷淋器的维护与保养

每周应对紧急洗眼器和紧急喷淋器进行一次出水检查。每天检查洗眼器外观是否完好，出水是否正常，阀门开关是否有效，总阀是否处于常开状态，标识是否完好，有无锈蚀，冲眼喷头滤网有无堵塞，水源是否清澈，洗眼喷头保护罩盖是否完好，并填写紧急洗眼器维护保养记录（见表 1-4-3）。

表 1-4-3　　紧急洗眼器维护保养记录

检查日期：　　年　　月　　日

位置			实验室名称					
维护人			维护周期	次/周				
数量	共　台，在用　台，本次检查　台							
检查项目及记录								
序号	项目	标准	编号					
			1	2	3	4	5	6
1	安装	安装牢固稳定，开关方向正确						
2	淋浴情况	水量足够，角度合适						
3	洗眼情况	水流高度不低于 20 cm，上盖完好，无阳光聚焦隐患						
4	标识情况	有图形标识和操作规程，安装牢固						
5	保温情况	良好无破损，管道无结冰堵塞						
6	通道情况	15 m 范围内通道畅通						
7	防腐情况	无腐蚀，若有应防腐						
8	清洁	清洁表面、过滤网、喷头						
结论								
说明	在对应的项目中，检查合格的划“√”，不合格的划“×”，并简单注明不合格项目。							

4. 通风橱的使用

通风橱又名通风柜，是为了防止有害物质释放或直接吸入有毒有害气体、蒸气或微粒的装置。所有涉及有毒有害物质（含刺激性物质）或毒性不明的化学物质的实验操作都必须在通风橱（通风柜）中进行。这样既可避免实验人员受到伤害，也可防止污染周围环境，以保障楼内人员的健康。

实验室日常用到的氨气、氨水、硫酸、盐酸、硝酸、硝酸银、乙醇、白磷、钾、氢氧化钾、重铬酸钾、高锰酸钾、铬酸钾、氯酸钾、硝酸钾、钠、氢氧化钠、镁、过氧化氢、硫、苯、苯酚、丙酮等危险化学品必须在通风橱内进行操作。

（1）通风橱的检查

为了保障排风不受阻碍，一般情况下，通风橱内不应放置大件设备，不可堆放试剂或其他杂物。

（2）通风橱的使用

1）开启通风橱前，应打开通风橱的排风扇开关或者进风通道（门、窗等）。如果在开启风机的情况下关闭排风扇、门窗或其他补风系统，将只会对室内造成较大负压，但实际空气流量却很小。这样非但不能将有害气体从室内排出，反而会将下水道内污浊的空气抽入室内，造成新的污染。

2）只放当前物品，不能存放过多的有毒有害、易燃易爆物品，不能超过 2 L，并且用完后随时拿走剩余的试剂，放到试剂厨和试剂柜里。危险化学品及玻璃仪器不宜离橱门太近。

3）进行化学实验操作过程中不可将头伸进通风橱进行观察。

4）为了保持足够的风速将有毒有害气体排走，除投料、后处理外，其他实验过程中视窗要拉下来，尽量使橱门放低，距实验台面 15~20 cm 为宜。

5）如果使用排风扇进行补风，在操作完毕后，不能立即关闭排风扇，应至少再开 0.5 h，以降低有毒有害气体在室内的浓度。

需要注意的是，在通风橱内加热易燃易爆物品如乙醇等低沸点物质时，不能使用电炉直接加热，应用水浴加热。

（3）通风橱的维护保养

通风橱应每月定期维护保养，进行风速检测。打开通风橱，待风速稳定 10 min 后，采用风速仪测定不同位置风速（一般有左上、左下、中间、右上、右下 5 个位置），风速应在 0.3~0.5 m/s，各位置风速不得超过平均风速的 10%。

（4）通风橱内事故处理

如果使用易燃易爆试剂时突然起火，应立即将其余试剂移出通风橱，用备好的灭火器灭火。如果火势较大，不能迅速扑灭，应立即拨打火警电话“119”，同时报告实验室安全员，并立即报告本部门负责人。

5. 实验室的消杀程序

根据相关要求，实验室应加强通风换气，保持空气流通。每日开窗通风 2~3 次，每次 20~30 min。实验室日常的消杀对象主要包括环境物体表面、室内空气和手卫生 3 项内容。

（1）环境物体表面

可选择含氯消毒剂、二氧化氯、季铵盐、过氧乙酸、过氧化氢、单过硫酸氢钾等消毒剂擦拭、喷洒或浸泡消毒，也可采用经验证安全有效的物理消毒方法和其他无害化处理方法。实验室内一般用有效氯为 1 000 mg/L 的含氯消毒剂或 500 mg/L 的二氧化氯消毒剂，不耐腐蚀的物体表面也可用 2 000 mg/L 的季铵盐类消毒剂进行喷洒、擦拭或浸泡消毒，作用 30 min 后用清水擦拭干净。

（2）室内空气

可选择过氧乙酸、二氧化氯、过氧化氢等消毒剂喷雾消毒，也可选择循环风空气消毒机、紫外线或其他安全有效的物理消毒方法和无害化处理方法。

（3）手卫生

建议使用手消毒剂揉搓双手进行消毒，也可选择 75%（体积分数）乙醇、过氧化氢等消毒剂。

（4）实验室的消杀程序

1）负责消杀工作的值日生分别在课前 15 min 和课后领取劳动防护用品和消杀物资。

2）佩戴好橡胶手套和口罩。

3）按照比例要求领取消毒片，进行消毒液的调配，分装在消毒桶和喷壶内。

4）使用浸泡后的毛巾对实验室内的门把手、桌面进行擦拭，使用喷壶对地面进行喷洒和擦拭。

5）整理和清洗消杀工具，并做好消杀记录（见表 1-4-4）。

表 1-4-4　　实验室设备、工具消杀记录

实验室名称：　　　　　　　　　　　　　　学期：

消杀时间	消杀对象			消杀人签字	教师签字
月　日　时	门把手□	桌面消杀□	地面消杀□		
月　日　时	门把手□	桌面消杀□	地面消杀□		
月　日　时	门把手□	桌面消杀□	地面消杀□		
月　日　时	门把手□	桌面消杀□	地面消杀□		
月　日　时	门把手□	桌面消杀□	地面消杀□		
月　日　时	门把手□	桌面消杀□	地面消杀□		
月　日　时	门把手□	桌面消杀□	地面消杀□		
月　日　时	门把手□	桌面消杀□	地面消杀□		
月　日　时	门把手□	桌面消杀□	地面消杀□		
月　日　时	门把手□	桌面消杀□	地面消杀□		
月　日　时	门把手□	桌面消杀□	地面消杀□		
月　日　时	门把手□	桌面消杀□	地面消杀□		

续表

消杀时间	消杀对象			消杀人签字	教师签字
月　日　时	门把手□	桌面消杀□	地面消杀□		
月　日　时	门把手□	桌面消杀□	地面消杀□		
月　日　时	门把手□	桌面消杀□	地面消杀□		
月　日　时	门把手□	桌面消杀□	地面消杀□		
月　日　时	门把手□	桌面消杀□	地面消杀□		
月　日　时	门把手□	桌面消杀□	地面消杀□		
月　日　时	门把手□	桌面消杀□	地面消杀□		
月　日　时	门把手□	桌面消杀□	地面消杀□		
月　日　时	门把手□	桌面消杀□	地面消杀□		
月　日　时	门把手□	桌面消杀□	地面消杀□		
月　日　时	门把手□	桌面消杀□	地面消杀□		
月　日　时	门把手□	桌面消杀□	地面消杀□		
月　日　时	门把手□	桌面消杀□	地面消杀□		
月　日　时	门把手□	桌面消杀□	地面消杀□		

说明：请认真填写表格，在完成的部分用“√”进行标记。
该表在填写完成后于学期末上交，由教务部进行存档。

思考与练习

一、判断题

1. 每天进入实验室后，应尽快进入工作状态，尽快开始实验。等到实验完成后，打扫实验台。（　　）

2. 夏天很热，或者实验室空调坏了，可以不用穿实验服或工作服做实验。（　　）

3. 实验过程中的个体防护作为最后一道防线非常重要。（　　）

4. 在节约的原则下，可以为实验人员配发过期的劳动防护用品。（　　）

5. 实验人员参加培训的过程和结果都应有相应的记录和存档。（　　）

6. 劳动防护用品的存放应有固定的地点和位置，或者做好个人标记，避免混用、

误用。 ( )

7. 定期对劳动防护用品进行清洁和消毒，防止交叉感染和污染。 ( )

8. 一般来讲，实验人员、记录人员等在实验区域停留一定时间的人都需要佩戴眼部防护用品，临时参观人员不用佩戴。 ( )

9. 先开启通风橱，再打开通风橱的排风扇开关或者进风通道。 ( )

10. 使用排风扇进行补风的通风橱，在操作完毕后，不能立即关闭排风扇，应至少再开 0.5 h，以降低有毒有害气体在室内的浓度。 ( )

二、单项选择题

1. 劳动防护用品采用四层全数字型编码进行分类，表示防护部位的编码是( )。

A. 第一层　　B. 第二层　　C. 第三层　　D. 第四层

2. 代表防酸碱防护功能的代码是( )。

A. 2　　B. 12　　C. 22　　D. 32

3. 下列不属于劳动防护用品选用原则的是( )。

A. 参照国家标准、行业标准或地方标准

B. 根据生产作业环境、劳动强度

C. 根据生产岗位接触的有害因素的存在方式、性质、浓度（或强度）和防护性能

D. 根据劳动者的个性和个人喜好

4. 根据劳动防护用品选择程序，采取措施后不能完全消除人体伤害的，应( )。

A. 确定识别范围

B. 定性分析可能产生的危险有害因素

C. 根据伤害部位选择相应劳动防护用品

D. 开展劳动防护用品使用操作培训

5. 从烘箱、马弗炉中取出灼热的药品时，最好佩戴( )手套。

A. 防热　　B. 低温防护　　C. 化学防护　　D. 一次性

6. 当实验人员处理危险化学品或手部可能接触危险化学品时，应佩戴( )手套。

A. 防热　　B. 低温防护　　C. 化学防护　　D. 一次性

7. 有些化学实验操作对手部伤害风险较低，对手指触感要求高时，可佩戴( )手套。

A. 防热　　B. 低温防护　　C. 化学防护　　D. 一次性

8. 一般，实验室工作人员的眼部防护用品为（　　），用于防御有刺激性或腐蚀性的溶液对眼睛的化学损伤。

A. 防冲击护目镜　　B. 防化学溶液眼镜

C. 防电弧眼镜　　D. 防护面罩

9. 在通风橱内加热易燃易爆物品如乙醇等低沸点物质时，应用（　　）加热。

A. 酒精灯　　B. 电炉　　C. 水浴　　D. 铁板

10. 为了保持足够的风速将有毒有气体排走，除投料、后处理外，其他实验过程中视窗要拉下来，尽量使橱门放低，距实验台面（　　）cm 为宜。

A. 10～15　　B. 15～20　　C. 20～25　　D. 25～30

三、多项选择题

1. 实验人员在实验开始前应接受实验室安全培训，内容包括（　　）。

A. 安全操作规程

B. 劳动防护用品合格与否的判断

C. 正确使用劳动防护用品的方法和要求

D. 劳动防护用品的保养和清洁

2. 手部是实验过程中最易受到伤害的部位，可能受到的伤害包括（　　）。

A. 脱皮　　B. 中毒　　C. 刺伤　　D. 烫伤和冻伤

3. （　　）的操作需要在通风橱中进行。

A. 硫酸　　B. 盐酸　　C. 氢氧化钠　　D. 氯化钠

4. 通风橱应每月定期维护保养，进行风速检测。打开通风橱，待风速稳定 10 min 后，采用风速仪测定（　　）位置风速，风速应在 0.3～0.5 m/s，各位置风速不得超过平均风速的 10%。

A. 左上、左下　　B. 中间　　C. 右上、右下　　D. 左前、右后

5. 实验室日常的消杀对象主要包括（　　）。

A. 环境物体表面　　B. 试剂瓶　　C. 室内空气　　D. 手卫生

四、填空题

1. 劳动防护用品是指由用人单位为（　　　　）配备的，使其在劳动过程中免遭或者减轻（　　　　）及（　　　　）的个体防护装备。

2. 劳动防护用品分为头部防护用品、（　　　　）、（　　　　）、听觉器官防护用品、（　　　　）、（　　　　）、足部防护用品、护肤用品、防坠落用品 9 类。

3. 常见的防护手套有（　　　　）、（　　　　）、（　　　　）、（　　　　）和（　　　　）。

4. 无论何种化学试剂溅入眼内，都应立即就地用大量水冲洗，第一时间把对眼睛的伤害降到最低，然后再做进一步的处理和治疗。因此，化学实验室应安装（　　　　）和（　　　　）。

5.（　　　　）是为了防止有害物质释放或直接吸入有毒有害气体、蒸气或微粒的装置。

实训 1-4　正确选用劳动防护用品

一、实训目的

1. 能够正确选择劳动防护用品。

2. 正确穿戴手部、躯干、眼部、呼吸器官防护用品。

3. 能够规范实施实验室消杀。

二、器材准备

防护服、防热手套、低温防护手套、化学防护手套、防割手套、一次性手套、护目镜、口罩等物品。

紧急洗眼器、紧急喷淋器、通风橱等设备。

三、实训内容与步骤

在实验室外区域开展正确选用劳动防护用品的技能考核。

1. 劳动防护用品的正确选择

（1）选择正确的躯干防护用品

1）选样式。将实验室用防护服、医用防护服、防辐射防护服等图片交给学生，由学生进行选择。

2）选尺寸。将不同型号的防护服放置在学生面前，由学生选出适合自己身高、体重的防护服。

（2）选择正确的眼部防护用品

将各种护目镜摆放到学生面前，由学生选出适合化学实验室使用的护目镜。

（3）选择正确的手部防护用品

1）选样式。教师口述使用场景，由学生选择正确的防护手套。

2）选尺寸。将不同型号的手套放置在学生面前，由学生选出适合自己手部大小的手套，并做好记录。

（4）选择正确的呼吸器官防护用品

2. 劳动防护用品的正确使用

（1）防护服的正确穿戴

（2）防护手套的使用

（3）紧急洗眼器的使用

（4）通风橱的使用

（5）实验室的消杀

【注意事项】

佩戴劳动防护用品的人员在使用防护用品前，应认真阅读产品安全使用说明书，确认其使用范围、有效期限等内容，熟悉其使用、维护和保养方法，发现防护用品破损或超过有效期限等情况，绝不能冒险使用。

四、实训测评

按表 1-4-5 所列实训评分标准进行测评，并做好记录。

表 1-4-5　　实训评分标准

序号	考核内容	考核标准	配分	得分
1	防护服的检查	口述检查内容，缺一项扣 1 分	4	
2	防护服的正确穿戴	现场演示： ①进实验室后穿防护服，不得分 ②前排纽扣顺序错误，扣 1 分 ③扣子扣错行，扣 1 分 ④袖口纽扣少系 1 个扣 1 分 ⑤袖口卷起扣 1 分 ⑥进入实验室后脱防护服，不得分 ⑦离开实验室后不脱防护服，不得分	5	
3	防护手套的选择	现场演示：教师口述使用场景，选择正确的防护手套，选择错误不得分	3	
4	防护手套的检查	口述检查内容，缺一项扣 1 分	2	
5	防护手套的使用	现场演示： ①戴手套前未洗净双手，扣 1 分 ②使用中将手套在皮肤或衣物上擦拭，扣 1 分 ③摘掉手套后未洗手，扣 1 分 ④与他人共用手套，不得分 ⑤将手套带离实验室，不得分	6	

续表

序号	考核内容	考核标准	配分	得分
6	紧急洗眼器的使用	现场演示： ①按照正确顺序操作得 10 分 ②未开进水控制阀，扣 1 分 ③未按顺时针方向轻推，扣 1 分 ④未开启洗眼阀门，扣 1 分 ⑤未判断水压情况，扣 1 分 ⑥未取下洗眼器盖，扣 1 分 ⑦未将眼睛部位摆放到洗眼器的花洒正上方，扣 1 分 ⑧未用手指撑开眼帘，扣 1 分 ⑨冲洗时间不足 15 min，扣 1 分 ⑩未将手推阀复位，扣 1 分 ⑪未将洗眼器盖复位，扣 1 分	10	
7	通风橱的使用	现场演示： ①找不到或不能分辨通风橱和排风扇开关的，扣 2 分 ②未按照顺序先开排风扇，再开通风橱的，扣 1 分 ③未检查通风橱环境并将剩余试剂移走的，扣 1 分 ④进行化学实验操作过程中，将头伸进通风橱进行观察的，扣 1 分 ⑤未将视窗拉下来，放低橱门的，扣 2 分 ⑥橱门距实验台面小于 15 cm 或大于 20 cm 的，扣 1 分 ⑦操作完毕后立即关闭排风扇的，扣 2 分 ⑧操作完毕后排风扇开放时间不足 0.5 h 的，扣 1 分	10	
8	实验室的消杀	现场演示： ①领取劳动防护用品和消杀物资，得 2 分，每少 1 项扣 0.5 分 ②不佩戴橡胶手套，扣 1 分 ③不佩戴口罩，扣 1 分 ④不正确调配消毒液的，扣 1 分 ⑤分装造成消毒液遗洒的，扣 1 分 ⑥未擦拭门把手和桌面的，扣 1 分 ⑦未喷洒地面的，扣 1 分 ⑧未整理和清洗消杀工具的，扣 1 分 ⑨未填写消杀记录的，扣 1 分	10	
合计			50	

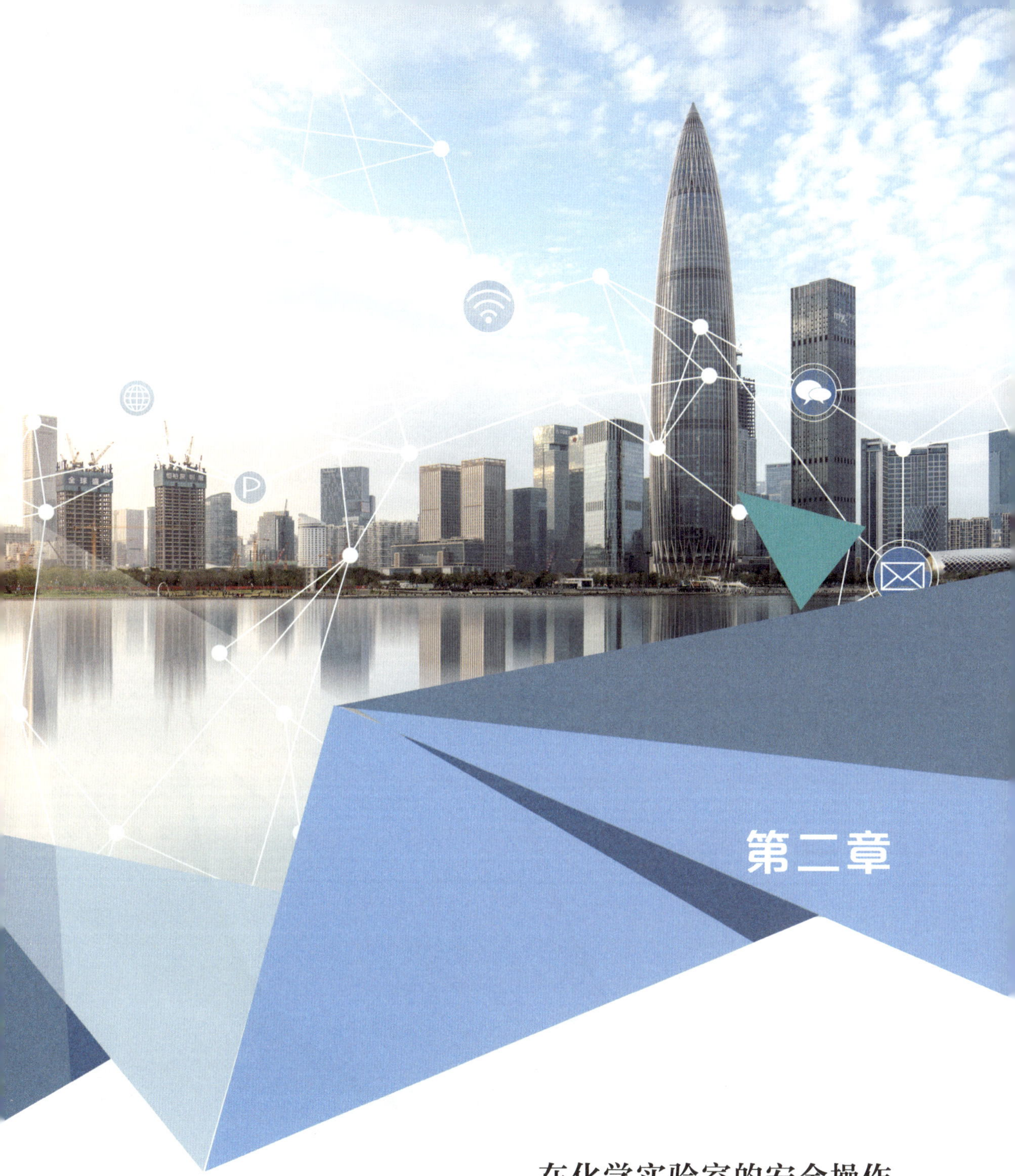

第二章

在化学实验室的安全操作

§2-1 药品的存放与取用

学习目标

1. 了解实验室药品的存放要求，能安全取用。
2. 熟悉常见的危险化学品及其安全注意事项。
3. 能够有效预防药品取用过程中可能产生的事故，并能够安全有序地处理事故。

化学品已成为人类生产和生活中不可缺少的一部分。随着科学技术的进步，每年有千余种化学品问世。化学品的生产和消费确实极大地改善了人们的生活，但是不少化学品固有的易燃、易爆、有毒、有害等危险特性也给人类安全带来了一定的威胁。在化学实验室药品的存放、取用过程中，如果不能进行安全操作，可能造成化学实验室人员伤亡或者财产损失。化学实验室在日常教学过程中会存储、使用一些危险化学品，如果对危险化学品管理、防护不当，同样会损害人体健康，造成财产毁损、生态环境污染等问题。因此，最大限度地加强药品、危险化学品的管理，保障其在储存、运输、使用以及废弃物处置过程中的安全性，降低危害、污染的风险，显得尤为重要。本节将介绍如何安全存放及取用药品，学生应熟悉化学实验室常见的危险化学品及其危害，并能够进行简单事故的处理。

一、实验室药品的存放

1. 药品储藏室的管理要求

化学实验室是进行教学、科研的重要场所，大多数实验室中都有不同的化学试剂和药品，而有的药品放置在一起极易发生化学反应，造成事故隐患，所以一定要正确存放和使用这些药品。存储时，应按照药品性质在普通药品储藏室或危险化学品储藏室分类统一存放。

药品储藏室房间应朝北，避免阳光照射，同时要做到室内干燥，远离水房、洗手间等潮湿环境，确保室内通风良好，设置排气降温风扇。如果储藏室位于顶层，顶棚应遮阳隔热，门窗应坚固。室内采用防爆型开关及相应照明灯具。储藏室内应备有消防器材。

危险化学品储藏室要有防明火、防高温、防潮湿、防日光直射及防雷电设施，储藏室门应朝外开，室内温度一般不超过 28 ℃。要根据危险化学品性质对其进行分类特殊存储，少量特殊危险化学品应用铁板或水泥柜分类储存。危险化学品储藏室尽量建在楼外面，避开人员密集区域。储藏室应配备相应数量的消防沙、灭火器等消防用品，并配备相应的手套和口罩等防护用具。如果危险化学品储藏室通风系统产生问题，务必确保佩戴口罩等防护用具后方可进入。危险化学品临时储存间使用的环氧树脂静电地板可有效防止静电产生，因此地面上不允许放置其他物品覆盖环氧树脂静电地板。

药品必须储存在专用场地，并安排专人专职进行管理，未经批准任何人不得进入储藏室。

管理员在接收供应商送货时，一定要检查药品的型号、种类、有效期等相关信息，在验收确认合格后，供应商方可进行药品的转运和装卸。供应商搬运过程中应轻拿轻放，管理员应进行监督。药品摆放时不可超过 3 层。管理员应列出化学实验室药品清单，并保持药品清单及时更新。管理员应每日对危险化学品进行检查，如发现包装破损、品质变化、泄漏等情况，必须及时处理，并第一时间上报相关领导。管理员必须定期对危险化学品临时储存间的防护设备设施进行检查，确保防护设备设施的有效性，并做好相应的记录。管理员在进行危险化学品操作过程中，禁止饮水、饮食，禁止直接用手擦拭嘴、眼睛和身体其他部位，操作完成后应及时用肥皂清洗面部和双手，并用清水漱口。

危险化学品临时储存间由两人共同管理，一人持临时储存间防爆门钥匙，另一人持危险化学品柜钥匙，不允许一人同时持两类钥匙。

2. 实验室药品的存放条件

药品应按资料表分类存放，互为禁忌的药品必须隔离存放，不可混淆，尤其是有毒、有害、易燃、易爆等危险化学品。管理员应确认药品容器盖拧紧，以免挥发。

（1）氧化剂

一般，氧化剂保存温度应控制在 30 ℃以下。一些含结晶水的氧化剂因受热后会失去结晶状态引起潮解，保存温度不宜超过 28 ℃，且应保温。一般情况下，相对湿度应保持在 75%以下。

（2）易燃固体

温度过高或湿度过大，都会影响易燃固体的安全储存。例如，硝化棉的储存需含有 30%的湿润剂乙醇，保存温度应控制在 30 ℃以下；樟脑等相对湿度应在 80%以下。储存二级易燃固体的仓库，温度不得超过 32 ℃。

（3）易燃液体

必须严格控制储藏室的温度，特别要根据易燃液体的沸点与闪点的高低来控制温度，防止室内温度过高。可根据药品情况将其放置在防爆冰箱内。

（4）压缩和液化气体

储藏室温度应不超过 32 ℃，相对湿度应控制在 80%以下，以防止钢瓶生锈。钢瓶储藏室应与药品储藏室分开，并设置在远离人群的开阔平地。钢瓶储藏室应为专用储藏室，钢瓶应固定，确保安全。

（5）防潮物品

储藏室温度应在 30 ℃左右，相对湿度一般应在 75%以下，要特别注意采取防潮的措施。

（6）毒害品

毒害品应放置在危险化学品储藏室，温度不宜超过 32 ℃，相对湿度应控制在 80%以下。对于氰化物，储藏室内要保持干燥，因为氰化物与潮湿空气接触可产生剧毒的氰化氢气体。

（7）腐蚀性物品

这类物品品种较多，性能各异，固、液体都有，为此必须根据其性质，对温度、湿度加以控制。

（8）其他药品的存放条件如下：

①金属钠、钾遇水易起火，故应保存在煤油或液体石蜡中，不能露置于空气中。

②某些易燃物质如黄磷在空气中能自燃，必须保存在盛水玻璃瓶中，绝不能直接放在金属筒中，以免腐蚀。从水中取出后，立即使用，不得露置于空气中过久。用后必须采取适当方法销毁残余部分，并仔细检查是否散失在桌面或地面上。

③一些吸湿易变质或冒烟的腐蚀物品，如五氧化二磷、三氯化磷、氯化亚砜等，储藏室要保持干燥，相对湿度应保持在 75%以下。

④对易挥发的纯溴、易分解的过氧化氢水溶液（质量分数在 40%以下），温度应保持在 28 ℃以下，最好在 25 ℃左右。

⑤对怕冷、怕冻的腐蚀性物品，如受冻易结冰的冰醋酸、受冻易聚合沉淀的甲醇等，储藏室温度应保持在 15 ℃左右，冬季要保暖。

⑥普通电冰箱不可存放易燃液体，防止因气体挥发，遇电气火花引起燃烧或爆炸。因冰箱打火而引发火灾或爆炸的事故时有发生。必须低温保存的挥发性易燃液体应使用防爆冰箱。

3. 实验室药品的出入管理

实验室药品出入要严格执行相应的规章制度，实行双人双锁，并有详细的出入库记录。实验室药品入库应填好实验室药品入库登记表（见表 2-1-1），领用实验室药品应填好实验室药品领用登记表（见表 2-1-2）。危险化学品领用应严格遵守教学规划预上报数量，不允许超额领取。所有实验室药品在发放领用时，管理员和领用教师必须认真核对药品的品名、种类、型号和数量，杜绝错发、多发等现象，并进行详细记录，领用人需本人签字确认。如发现领用教师操作方法不正确，管理员有权拒绝发放。在搬运药品时，必须使用运输筐等专用工具，必须轻装轻卸，避免撞击、急转而造成倾倒，防止包装及容器破损。每日领用的实验室药品应在当日课后及时归还剩余药品及已用完的药品空瓶，管理员应对剩余量进行详细记录。过期药品应完整保存，统一回收，由有资质的化学试剂处理公司统一进行废弃处理。

表 2-1-1　　实验室药品入库登记表

单位：　　时间：　　第　页　共　页

序号	药品名称	药品类别	购置日期	购置数量	总库存量	危险性类别	备注

表 2-1-2　　实验室药品领用登记表

日期	名称	领用数量	领用人	使用部门	备注

二、实验室药品的取用

1. 取用原则

（1）“三不”原则

1）不摸——不直接用手触摸药品。

2）不尝——不能品尝药品的味道。

3）不闻——不把鼻子凑到容器口去闻药品气味（应用招气入鼻法）。

（2）节约原则

实验过程严格按照操作规定的用量取用药品；如果没有说明用量，一般按最少量（1~2 mL）取用液体，固体只需盖满试管底部即可。对于取用的最大量，液体不超过容器容积的1/3，固体不超过容器容积的1/2。

（3）“三不一要”原则

化学实验完成后，剩余的药品不能放回原瓶，不能随意丢弃，更不能带出实验室，要放在指定的容器中，待后续处理。

2. 取用方法

（1）固体药品放入试管的方法

对于块状固体药品，使用镊子夹取，步骤为一横、二放、三慢竖，即先把试管横放，将药品放入试管口后，再把试管慢慢竖起来，使药品缓缓地滑到试管底部；对于粉末状或细晶体药品，使用药匙取，必要时可用纸槽取，步骤为一斜、二送、三直立，即先使试管倾斜，将药品送到试管底部，然后使试管直立起来。

（2）固体药品的称量

任何药品都不能直接放在天平托盘中称量，干燥固体可放在称量纸上称量，易潮解药品要放在玻璃器皿（烧杯或表面皿等）中称量。

（3）液体药品的取用

瓶塞倒放，试剂瓶的标签向手心（防止瓶口残留的试剂流下来腐蚀标签），瓶靠试管口，倒完后盖紧瓶塞，将试剂瓶放回原处。

1）吸取和滴加少量液体：使用胶头滴管，胶头在上，不要平放或倒置（防止试剂倒流，腐蚀胶头），滴管不要接触反应容器内壁或放在实验台上，以免沾污滴管或造成试剂污染，应垂直滴加。用过的胶头滴管要立即用清水冲洗干净，以备后续使用。也可在实验过程中使用一次性胶头滴管，不同试剂应使用不同的滴管，不能混用。

2）定量取用液体操作：量筒放平，视线与量筒内液体凹液面的最低处保持水平，再读出液体的体积数（若仰视会使读数偏小，俯视会使读数偏大）。定量取用液体还可以使用移液管，移液管不能移取太热或太冷的溶液，同一实验中应尽可能使用同一支移液管。移液管在使用完毕后，应立即用自来水及蒸馏水冲洗干净，置于移液管架上。在使用时，为了减少测量误差，每次都应从最上面刻度（0刻度）处为起始点，往下放出所需体积的溶液，而不是需要多少体积就吸取多少体积。

3. 剩余药品的安全处理

药品是化学实验室实验过程中的必要材料，除了正确取用及适量使用外，还要做好剩余药品的安全处理，严格遵守化学实验室安全守则，坚持“三不一要”原则，预防安全事故的发生。

做完实验后用剩的药品应放入指定的容器内，氧化性的药品和还原性的药品不能放在一起，酸性药品和碱性药品不能放在一起，互相溶解的药品不能放在一起，互相发生反应的药品不能放在一起。剩下的药品要分类保存。

剩余危险化学品的处理更需要关注安全问题，常见的处理方法有物理处理、化学处理和生物处理三大类。常用的危险化学品处理方法见表 2-1-3 中。

表 2-1-3　　常用的危险化学品处理方法

处理方法类别	处理方法	采用技术
物理	压实	将固体废弃物加压，缩小体积，以便进一步处理、处置和回收利用
	破碎	将大块固体废弃物粉碎，以便进一步处理、处置和回收利用
	分选	用积淀、浮选等方法将固体危险化学品混合物的废弃物各组分分开，以便进一步处理、处置和回收利用
	脱水与干燥	用机械和加热蒸发等方法脱去废弃物中的水分，以便进一步处理、处置和回收利用
	蒸馏与溶剂萃取	用于液体危险化学品废弃物的处理和回收利用
	吸附	采用吸附方法将废弃物中的危险化学品分离出来，回收利用
	膜分离	采用膜分离技术将废弃物中的危险化学品分离出来，回收利用
	离子交换	采用离子交换法将废弃物中的危险化学品分离出来，回收利用
	电渗析	采用电渗析技术将废弃物中的危险化学品分离出来，回收利用
	固化处理	将液体或液固混合的危险化学品废弃物固化，以便进一步处理、处置和回收利用
化学	沉淀	加入沉淀剂将危险化学品废液中的组分分离，再处置或回收利用
	中和	用酸或碱中和危险化学品废液，再处置或回收利用
	氧化	用氧化剂氧化废弃物中的危险化学品，再处置或回收利用
	还原	用还原剂还原废弃物中的危险化学品，再处置或回收利用
	焚烧	将危险化学品焚烧处理，常用的焚烧炉有空气幕焚烧炉、气旋焚烧炉、多膛焚烧炉、流化床焚烧炉、回转窑焚烧炉、旋转焚烧炉、电焚烧炉、封闭坑焚烧炉
	热解	用热解方法将废弃物中的危险化学品分解，再处置或回收利用
生物	微生物处理法	通常采用活性污泥法，包括普通活性污泥法、序批式活性污泥法、氧化沟技术、吸附生物降解法等

三、危险化学品及其安全注意事项

危险化学品简称危化品，是指具有易燃、易爆、有毒、有害及有腐蚀特性，操作、使用不当会对人员、设施、环境造成危害的化学品。在化学实验操作过程中，学生会接触各种各样的危险化学品，因此对于危险化学品的种类、安全标签的辨识、危险化学品的危害、常见危险化学品及其注意事项的学习显得尤为重要。

1. 危险化学品的种类

我国危险化学品按理化危险分为 16 类，具体为爆炸物、易燃气体、易燃气溶胶、氧化性气体、压力下气体、易燃液体、易燃固体、自反应物质或混合物、自燃液体、自燃固体、自热物质和混合物、遇水放出易燃气体的物质或混合物、氧化性液体、氧化性固体、有机过氧化物、金属腐蚀剂；按健康危险分为 10 类，具体为急性毒性、皮肤腐蚀/刺激、严重眼损伤/眼刺激、呼吸或皮肤过敏、生殖细胞致突变性、致癌性、生殖毒性、特异性靶器官系统毒性——一次接触、特异性靶器官系统毒性——反复接触、吸入危险；按环境危险分为两类，具体为危害水生环境和危害臭氧层。

2. 危险化学品安全标签的辨识

危险化学品安全标签见表 2-1-4。

这些标签也适用于危险货物的运输包装。

表 2-1-4　　　　危险化学品安全标签

<table>
<tr><th>序号</th><th>标签名称</th><th>标签图形</th></tr>
<tr><td>1</td><td>爆炸性
物质或物品</td><td>

第1.1、1.2、1.3类
（符号：黑色，底色：橙红色）

第1.4类
（符号：黑色，底色：橙红色）

第1.5类
（符号：黑色，底色：橙红色）

第1.6类
（符号：黑色，底色：橙红色）
* * 项号的位置——如果爆炸性是次要危险性，留空白。
* 配装组字母的位置——如果爆炸性是次要危险性，留空白。
</td></tr>
</table>

续表

序号	标签名称	标签图形
2	易燃气体	（符号：黑色，底色：正红色） （符号：白色，底色：正红色）
	非易燃无毒气体	（符号：黑色，底色：绿色） （符号：白色，底色：绿色）
	毒性气体	（符号：黑色，底色：白色）
3	易燃液体	（符号：黑色，底色：正红色） （符号：白色，底色：正红色）
4	易燃固体	（符号：黑色，底色：白色红条）
	易于自燃的物质	（符号：黑色，底色：上白下红）

续表

<table>
<tr><th>序号</th><th>标签名称</th><th>标签图形</th></tr>
<tr><td>4</td><td>遇水放出易燃气体的物质</td><td>（符号：黑色，底色：蓝色）
（符号：白色，底色：蓝色）</td></tr>
<tr><td rowspan="2">5</td><td>氧化性物质</td><td>（符号：黑色，底色：柠檬黄色）</td></tr>
<tr><td>有机过氧化物</td><td>（符号：黑色，底色：红色和柠檬黄色）
（符号：白色，底色：红色和柠檬黄色）</td></tr>
<tr><td rowspan="2">6</td><td>毒性物质</td><td>（符号：黑色，底色：白色）</td></tr>
<tr><td>感染性物质</td><td>（符号：黑色，底色：白色）</td></tr>
<tr><td>7</td><td>一级放射性物质</td><td>（符号：黑色，底色：白色，附一条红竖条）
黑色文字，在标签下半部分写上：
“放射性”
“内装物____”
“放射性强度____”
在“放射性”字样之后应有一条红竖条</td></tr>
</table>

续表

序号	标签名称	标签图形
7	二级 放射性物质	 （符号：黑色，底色：上黄下白，附两条红竖条） 黑色文字，在标签下半部分写上： “放射性” “内装物____” “放射性强度____” 在一个黑边框格内写上：“运输指数” 在“放射性”字样之后应有两条红竖条
	三级 放射性物质	 （符号：黑色，底色：上黄下白，附三条红竖条） 黑色文字，在标签下半部分写上： “放射性” “内装物____” “放射性强度____” 在一个黑边框格内写上：“运输指数” 在“放射性”字样之后应有三条红竖条
	裂变性物质	 （符号：黑色，底色：白色） 黑色文字，在标签上半部分写上：“易裂变” 在标签下半部分的一个黑边框格内写上：“临界安全指数”
8	腐蚀性物质	 （符号：黑色，底色：上白下黑）
9	杂项危险 物质和物品	 （符号：黑色，底色：白色）

3. 危险化学品的危害

危险化学品作为化学实验室常见的药品，主要的危害包括燃爆危害、健康危害和环境危害。

（1）燃爆危害

燃爆危害是指危险化学品可能引起燃烧、爆炸等危害。火灾与爆炸都会带来生产或者教学设施的重大破坏和人员伤亡，但两者的发展程度显著不同。

火灾是在起火后火势逐渐蔓延扩大，随着时间的延续，损失数量迅速增长，损失大约与时间的平方成比例，如火灾时间延长一倍，损失可能增加为4倍。

爆炸则猝不及防，可能在1 s内爆炸过程已经结束，设备损坏、楼房坍塌、人员伤亡等也将在瞬间发生。爆炸通常伴有发热、发光、压力上升、真空和电离等现象，具有很强的破坏作用，包括直接的破坏作用、冲击波的破坏作用，可能造成火灾、中毒和环境污染等。爆炸物具有化学不稳定性，在一定外因的作用下，能以极快的速度发生猛烈的化学反应，产生大量气体和热量，使周围的温度迅速升高并产生巨大的压力而引起爆炸。爆炸物对热、火花、撞击、摩擦、冲击波等敏感，极易引发爆炸。

（2）健康危害

健康危害是指危险化学品进入机体后，累积达一定的量，能与体液和组织发生生物化学作用或生物物理作用，扰乱或破坏机体的正常生理功能，引起暂时性或持久性的病理改变，甚至危及生命。

1）危险化学品在水中的溶解度越大，毒性越大。因为易于在水中溶解的化学品，更易被人吸入而引起中毒。例如，氯化钡易溶于水，对人体危害大；硫酸钡不溶于水和脂肪，故无毒。有的毒物不溶于水，但可溶于脂肪，这类物质也会对人体产生一定危害。

2）危险化学品的挥发性越强，导致中毒的机会越多。一般，沸点越低的物质，挥发性越强，挥发后在空气中的浓度越高，可能引发中毒，危害人体健康。

3）危险化学品固体颗粒越小，分散性越好，特别是一些易于悬浮于空气中的危险化学品颗粒，更易进入人体肺泡而引起中毒，造成健康危害。

（3）环境危害

环境危害是指危险化学品对环境影响的危害程度。随着化学工业的发展，各种化学品的用量大幅度增加，新化学品也不断涌现。人们在充分利用化学品的同时，也产生了大量的化学废弃物，其中不乏有毒有害物质。在生产、储存和运输过程中如果发生着火、爆炸、泄漏等突发性化学事故，致使大量有毒有害物质外泄进入环境，将严重污染环境，使环境状况日益恶化，可能产生对大气、土壤、水体等的危害。

4. 常见危险化学品及其注意事项

化学实验室涉及的危险化学品主要分为酸类（如硫酸）、碱类（如氢氧化钠）、盐类（如硫酸铜、高锰酸盐）、金属氧化物以及各类指示剂等。充分了解危险化学品的理化性质及安全注意事项是十分必要的。实验室常见危险化学品的理化性质及安全注意事项见表 2-1-5。

表 2-1-5　　常见危险化学品的理化性质及安全注意事项

危险化学品名称	理化性质及安全注意事项	
硫酸（H_2SO_4）	理化性质	熔点：10.5 ℃；沸点：330 ℃；水溶性：任意比互溶；密度：1.83 g/cm^3；外观：透明、无色、无臭油状液体
	健康危害	对皮肤、黏膜等组织有强烈刺激和腐蚀作用。蒸气或雾对眼睛可引起结膜炎、水肿、角膜混浊，以致失明；可引起呼吸道刺激症状，重者发生呼吸困难和肺水肿；高浓度硫酸可引起喉痉挛或声门水肿而死亡。口服后引起消化道烧伤以至溃疡形成，严重者可能有胃穿孔、腹膜炎、喉痉挛和声门水肿、肾损害、休克等。皮肤灼伤轻者出现红斑，重者形成溃疡，愈后瘢痕收缩影响功能。溅入眼内可造成灼伤，甚至角膜穿孔、全眼炎以至失明。慢性影响：牙齿酸蚀症、慢性支气管炎、肺气肿和肺硬化
	注意事项	储存于阴凉、通风的库房。库温不超过 35 ℃，相对湿度不超过 85%。保持容器密封。远离火种、热源，工作场所严禁吸烟。远离易燃、可燃物。防止蒸气泄漏到工作场所空气中。避免与还原剂、碱类、碱金属接触。搬运时要轻装轻卸，防止包装及容器损坏。配备相应品种和数量的消防器材及泄漏应急处理设备。倒空的容器可能残留有害物。稀释或制备溶液时，应把酸加入水中，避免沸腾和飞溅伤及人员
盐酸（HCl）	理化性质	熔点：−114.8 ℃（纯）；沸点：108.6 ℃（20%溶液）；水溶性：与水混溶；密度：1.2 g/cm^2；外观：无色或微黄色发烟液体，有刺鼻的酸味
	健康危害	接触其蒸气或烟雾可引起急性中毒，鼻及口腔黏膜有烧灼感，出现眼结膜炎、鼻衄、齿龈出血、气管炎等。误服可引起消化道灼伤、溃疡形成，有可能引起胃穿孔、腹膜炎等。眼和皮肤接触可致灼伤。长期接触可引起慢性鼻炎、慢性支气管炎、牙齿酸蚀症及皮肤损害
	注意事项	储存于阴凉、通风的库房。库温不超过 30 ℃，相对湿度不超过 85%。保持容器密封。应与碱类、胺类、碱金属、易（可）燃物分开存放，切忌混储。使用盐酸时，应使用个人防护装备，如橡胶手套或聚氯乙烯手套、护目镜、耐化学品的衣物和鞋子等，以降低直接接触盐酸所带来的危险，同时操作过程中注意通风

续表

危险化学品名称		理化性质及安全注意事项
氢氧化钠（NaOH）	理化性质	熔点：318.4 ℃；沸点：1 390 ℃；密度：2.12 g/cm^3；外观：白色不透明固体，易潮解粉末
	健康危害	有强烈刺激和腐蚀性。粉尘或烟雾刺激眼和呼吸道，腐蚀鼻中隔；皮肤和眼直接接触可引起灼伤；误服可造成消化道灼伤、黏膜糜烂、出血和休克
	注意事项	储存于阴凉、干燥、通风良好的库房。应远离火种、热源。库温不超过 35 ℃，相对湿度不超过 80%。包装必须密封，切勿受潮。应与易（可）燃物、酸类等分开存放，切忌混储
高锰酸钾（$KMnO_4$）	理化性质	熔解性：溶于水、碱液，微溶于甲醇、丙酮、硫酸；外观：深紫色细长斜方柱状结晶，有金属光泽
	健康危害	吸入后可引起呼吸道损害。溅落眼睛内可刺激结膜，重者致灼伤。刺激皮肤。浓溶液或结晶对皮肤有腐蚀性。口服可腐蚀口腔和消化道，出现口内烧灼感、上腹痛、恶心、呕吐、口咽肿胀等。口服剂量大者，口腔黏膜呈棕黑色、肿胀糜烂，出现剧烈腹痛、呕吐、血便、休克，最后死于循环衰竭
	注意事项	密闭操作，加强通风。避免产生粉尘。操作人员必须经过专门培训，严格遵守操作规程，远离火种、热源，工作场所严禁吸烟、进食和饮水。避免与还原剂、活性金属粉末接触。搬运时要轻装轻卸，防止包装及容器损坏。储藏室配备相应品种和数量的消防器材及泄漏应急处理设备

四、事故处理

化学实验室的许多化学品具有易燃、易爆、有毒、有害、有腐蚀性等特点，当操作失误时易酿成化学事故。化学事故一般包括火灾、爆炸、中毒、烧伤、窒息、外伤、泄漏等类型，会造成人员伤亡、环境污染、经济损失，并可能影响社会稳定等。为避免化学事故造成大规模的破坏，化学实验人员要加强自我保护意识，提高应对突发性事故的能力，做好初期事故的处理，做到遇事不慌、临阵不乱、正确判断、正确处理、减少伤亡。

1. 中毒类事故处理

实验过程中若感觉咽喉灼痛，出现头晕、呕吐、惊厥、呼吸困难和休克等症状，则可能系中毒所致。发生急性中毒事故，应在做好个人安全防护的同时，使中毒者远离中毒环境，进行现场急救处理后，将中毒者送医院急救，并向医院说明中毒的原因、中毒物的名称等，以便能对症治疗。如果中毒物不明，则需要带该药品及呕吐物的样品，供医院及时检测。

在进行现场急救时，实验人员应根据化学药品的毒性特点、中毒途径及中毒程度采取相应措施，要立即将中毒者转移至安全地带，并设法清除其体内的毒物，如服用催吐剂、洗肠、洗胃等，使毒物对人体的损伤减至最小，并立即送医院治疗。

2. 烧伤类事故处理

烧伤严重程度与化学药品的性质、浓度及接触时间等有关。当化学药品接触皮肤造成烧伤时，应将伤员迅速移离现场，脱去被化学药品污染的衣物。如为热烫伤，先作局部冷清水冲淋或浸浴，以降低局部温度；如为化学性烧伤，首先清洗皮肤上的化学药品，再用大量水冲洗，一般要持续 15 min 以上，然后根据化学药品性质及烧伤程度采取相应的措施。重伤者经初步处理后，急送医院救治。

3. 药品倾洒事故处理

药品倾洒事故的处理要根据化学药品的性质、浓度等进行判断并采取相应的措施。

酸液洒在桌面上，先加碳酸钠溶液清洗，再用水冲，最后用抹布擦。碱液洒在桌面上，先用稀醋酸清洗，再用水冲，然后用抹布擦。处理过程要做好个人防护，佩戴橡胶手套等。

如果少量酒精洒在桌面上燃烧，要立即用湿抹布盖灭，切不可用嘴吹。如果水银温度计被打破，要立即用硫黄覆盖掉落的汞珠，不可直接用手处理。

实验过程中发生药品倾洒要及时进行引流、覆盖、吸收、处理，使倾洒的药品得到安全可靠的处置，防止二次事故的发生。如果实验过程中出现危险化学品倾洒，要在保障人身安全的前提下进行事故处理，不能处理的，要及时撤离现场，及时上报，以便进行进一步的事故处理。

思考与练习

一、判断题

1. 危险化学品在水中的溶解度越大，毒性越大。 (　　)

2. 危险化学品储存间由一人管理。 (　　)

3. 化学药品应按资料表分类摆放，互为禁忌的药品必须隔离存放，不可混淆，尤

其是有毒、有害、易燃、易爆等危险化学品。（　　）

4. 少量酒精洒在桌面上燃烧，可以用嘴吹灭。（　　）

二、单项选择题

1. 药品储藏室房间应朝（　　）面。

A. 东　B. 西　C. 南　D. 北

2. 金属钠、钾遇水易起火，故须保存在（　　）或液体石蜡中，不能露置于空气中。

A. 水　B. 煤油　C. 乙醇　D. 丙酮

3. 取用药品遵守“三不”原则，即（　　）。

A. 不用、不尝、不闻　B. 不尝、不闻、不问

C. 不摸、不尝、不闻　D. 不问、不用、不闻

4. 化学药品必须储存在专用场地，并安排（　　）进行管理，未经批准任何人不得进入储藏室。

A. 专人专职　B. 兼职人员　C. 专人兼职　D. 多人兼职

5. 化学品存储摆放时不可超过（　　）层。

A. 1　B. 2　C. 3　D. 4

6. 危险化学品的挥发性（　　），导致中毒的机会（　　）。

A. 越弱　越多　B. 越强　越少　C. 越强　不变　D. 越强　越多

7. 碱液洒在桌面上，先用（　　）清洗，再用水冲，然后用抹布擦。

A. 稀盐酸　B. 稀硫酸　C. 磷酸　D. 稀醋酸

8. 如果水银温度计被打破，要立即用（　　）覆盖掉落的汞珠，不可直接用手处理。

A. 水　B. 抹布　C. 硫黄　D. 固体氢氧化钠

9. 如果实验过程中出现危险化学品的倾洒，要在保障（　　）的前提下进行事故处理。

A. 财产安全　B. 药品安全　C. 实验完整　D. 人身安全

三、多项选择题

1. 任何药品都不能直接放在天平托盘中称量，干燥固体可放在称量纸上称量，易潮解药品可放在（　　）中称量。

A. 烧杯　B. 表面皿　C. 锥形瓶　D. 移液管

2. 剩余危险化学品的处理更应关注安全问题，常见的处理方法有（　　）。

A. 填埋处理　B. 物理处理　C. 化学处理　D. 生物处理

3. 危险化学品作为化学实验室常见的药品，主要的危害包括（　　）。

A. 燃爆危害　　B. 健康危害　　C. 水体危害　　D. 环境危害

4. 实验室药品的取用原则包括（　　）。

A. “三不”原则　　B. 节约原则

C. “三不一要”原则　　D. 不使用原则

5. 化学实验室的许多化学品具有（　　）等特点。

A. 易燃　　B. 易爆　　C. 有毒　　D. 有害

四、填空题

1. 遇光、受热易分解的药品（如硝酸银溶液）用（　　）盛装，盛碱溶液的试剂瓶应加（　　）塞。

2. 易燃物、易爆物存放时要远离（　　）。

3. 固体药品放入试管一般用药匙，粉末状固体常用（　　），块状固体可用镊子，操作时一般是（　　　　　　）。

4. 液体药品需要的量多时，一般采用倾倒法；需要的量少时，用（　　）滴加；需要一定量时，用（　　）量取。

5. 浓硝酸、硝酸银见光（　　），应保存在（　　）中，存放在黑暗而且温度低的地方。

6. 氢氧化钠固体易（　　），应盛放在易于密封的干燥大口瓶中保存，其溶液盛放在无色（　　）里，瓶口用（　　）塞紧，不能用玻璃塞。

五、简答题

1. 实验室药品的取用原则有哪些？

2. 实验过程中常用的危险化学品有哪些？使用过程中有哪些注意事项？

实训 2-1　正确进行药品的取用

一、实训目的

1. 能够正确进行药品的取用。

2. 正确做好安全防护。

3. 能够规范进行常见问题的处理。

二、器材准备

电子天平、1 mol/L 的盐酸、氢氧化钠、防护服、手套、护目镜、口罩等物品。

三、实训内容与步骤

1. 固体药品的取用

氢氧化钠药品的取用。

1）电子天平的使用。正确选择称量工具，并进行称量练习。

2）容器的选择。固体药品放入试管的方法。

2. 液体药品的取用

1 mol/L 盐酸溶液的取用。

1）量筒的使用。

2）移液管的使用。

3）胶头滴管的使用。

【注意事项】

1）实验过程中学生的安全注意事项。

2）教师可根据学生情况及实验室情况，给予不同的实验场景，让学生选取合理的药品取用。

3）可模拟突发情况，让学生进行正确的事故处理。

四、实训测评

按表 2-1-6 所列实训评分标准进行测评，并做好记录。

表 2-1-6　　实训评分标准

序号	考核内容	考核标准	配分	得分
1	防护服的检查	规范穿着白大褂，衣服、鞋子符合要求，橡胶手套等缺一项扣 1 分	5	
2	固体药品的取用	现场实操： ①电子天平使用规范，得 10 分 ②正确称量药品，得 10 分 ③正确将药品装入试管，得 10 分 ④正确将药品转移至其他容器，得 10 分	40	
3	液体药品的取用	现场实操： ①正确使用量筒，得 10 分 ②正确使用移液管，得 10 分 ③正确使用胶头滴管，得 10 分	30	
4	课后练习	答案全部正确，得 25 分	25	
合计			100	

§2-2　玻璃器皿的安全使用

学习目标

1. 能够掌握玻璃器皿的安全操作基本知识。
2. 能够及时处理玻璃器皿的破损事件。
3. 能够预防并正确处理割伤事故。

化学实验室中，玻璃器皿因价格便宜且有利于观察化学反应过程的变化，使用范围广、频率高。实验人员在进入实验室前应熟练掌握玻璃器皿的安全操作知识，包括玻璃器皿的安全操作、玻璃器皿破损的现场处置流程，以及割伤事故处理。本节将介绍如何选用和管理实验玻璃器皿，玻璃器皿的检查、洗涤、干燥等安全操作规程，以及现场事故处置流程，以便在将来的化学实验室操作中能够预防并正确处理玻璃器皿割伤事故。

一、玻璃器皿的安全操作

1. 玻璃器皿的检查

1）实验人员应根据实际工作需要选取玻璃器皿，进行登记，并填写实验室玻璃器皿领用登记表（见表 2-2-1）。

表 2-2-1　　实验室玻璃器皿领用登记表

实验项目	玻璃器皿名称	数量	是否完好	实验实施责任人	备注

2）实验人员在取用玻璃器皿时，应检查玻璃器皿是否破碎、破损，如发现上述情况，应及时交管理人员处理。实验人员在进行实验过程中，如果玻璃器皿破碎、破损，也应及时交管理人员处理，并根据相关管理规定进行赔偿。

3）实验人员使用玻璃器皿前应按清洁规程要求清洗玻璃器皿。

4）玻璃器皿清洗干净后，实验人员应按不同类别分别摆放整齐。

①移液管：清洗干净，在移液管架晾干。

②滴定管：用完后放尽内在的溶液，用蒸馏水淋洗干净，倒置，夹于滴定管夹上。长期不用的滴定管要除掉凡士林，然后垫纸，用皮筋拴好活塞保存，磨口塞间如有砂粒，不要用力转动，以免损伤其精度。

③比色皿：用完后洗净，在小瓷盘或塑料盘中垫上滤纸，倒置晾干后放于比色皿盒或洁净的器皿内。

④带磨口塞的仪器：容量瓶、称量瓶等在清洗前用线绳或塑料绳把塞和管口拴好，以免打破塞子或互相弄混。需长期保存的磨口仪器要在塞间垫一纸片，以免日久粘住。

⑤烧杯、锥形瓶、试管等应置于专用晾干架上。

⑥容量玻璃仪器首次使用前应由管理人员进行校正，合格后方可分发、使用。

2. 玻璃器皿的清洗

在化学实验中，不同的玻璃器皿应选用不同的洗涤液和洗涤方法。

（1）一般玻璃器皿的清洗

实验中常用的烧杯、锥形瓶、量筒、量杯、表面皿、玻璃棒等一般的玻璃器皿，可用毛刷蘸取适量的去污粉或合成洗涤液刷洗，再用自来水冲洗干净。

（2）具有精准刻度器皿的清洗

滴定管、移液管、吸量管、容量瓶等具有精确刻度的器皿，不能用毛刷刷洗，以防在其壁上留下划痕。

1）滴定管。如果滴定管无明显油迹或污渍，可直接用合成洗涤剂浸泡自来水冲洗。若油污较重，就要选用其他洗涤液再次洗涤。对碱式滴定管，要将其乳胶管及尖嘴部分卸下，用橡胶管帽套在底部，才能倒入洗涤液（酸式滴定管可直接浸泡）。洗涤时将滴定管水平端平，不停转动，使洗涤液布满全管，打开活塞，让洗涤液流出，如此反复几次，然后用自来水冲洗，直至滴定管完全均匀地润湿而不挂水珠。若滴定管油污仍不能去除，则再另选洗涤液浸泡数小时，再用自来水冲洗。还可选择其他适宜的洗涤液进行洗涤，如酸性（或碱性）污垢用碱性（或酸性）洗涤液洗涤，氧化性（或还原性）污垢用还原性（或氧化性）洗涤液洗涤，有机污垢用有机溶剂洗涤，再用自来水冲洗。

2）移液管。用常规方法洗涤后，可进一步选用洗涤液浸泡。把洗涤液装入大量筒中，将移液管直立于大量筒中浸泡数小时，然后用洗耳球吸取洗涤液至移液管最高刻度以上，重复操作几次后，取出移液管，用自来水冲洗干净。

3）容量瓶。用常规方法洗涤后，再用其他洗涤液洗涤。洗涤时，容量瓶内装入1/3体积的洗涤液，盖上磨口玻璃塞，颠倒数次，并用力振摇。倒出洗涤液后，用自来水冲洗干净。

（3）比色皿的清洗

比色皿是用光学玻璃制成的，不能用毛刷刷洗，应根据不同情况采用不同的洗涤方法。常用的洗涤方法是将比色皿浸泡于热的洗涤液中，一段时间后用自来水冲洗干净。若有颜色附着，可用稀盐酸与乙醇的混合液浸泡，然后用自来水冲洗干净。

（4）常用洗涤液

常用洗涤液名称、制备方法、用途及使用方法见表2-2-2。

表2-2-2 常用洗涤液名称、制备方法、用途及使用方法

洗涤液名称	制备方法	可洗污染物	使用方法	备注
合成洗涤剂：洗衣粉、去污粉、洗洁精	市售成品配成浓溶液	灰尘、油脂、可溶性物质	刷洗	常规洗涤烧杯、三角瓶、试剂瓶等
铬酸洗液	重铬酸钾5 g，加水10 mL溶解，慢慢加入90 mL浓硫酸	油脂、还原性污染物	润洗、浸泡	因含有铬，易污染环境，故尽量少用。洗液可反复用，直至变为绿色
纯酸洗液	盐酸、硫酸、硝酸体积比为1∶1∶1	碱性污染物、无机物、重金属离子	可反复使用，可用于浸泡玻璃器皿	在用过合成洗涤剂后使用，洗涤滴定管、移液管等
酸性草酸	草酸10 g溶于100 mL、20%的盐酸溶液中	洗涤氧化性物质（高锰酸钾、三价铁离子）等	浸泡、浸煮	可加热使用
纯碱洗液	10%氢氧化钠溶液、5%碳酸钠溶液、5%碳酸氢钠溶液	洗涤油污较重器皿	浸泡、浸煮	不宜长期浸泡，以防腐蚀玻璃
碱性酒精洗液	25 g氢氧化钠溶于100 mL水中，再用乙醇稀释至1 L	洗涤油污及某些有机物	刷洗、浸泡	—

续表

洗涤液名称	制备方法	可洗污染物	使用方法	备注
碱性高锰酸钾溶液	4 g 高锰酸钾溶于少量水中，加入 10%氢氧化钠溶液 100 mL	洗涤油污及某些有机物	刷洗、浸泡	洗后器皿上附着二氧化锰沉淀，可用浓酸或亚铁盐清洗
盐酸—乙醇混合洗液	盐酸与乙醇按 1∶2 比例混合	适用于洗涤有颜色的有机物	刷洗、浸泡	—

用上述各种方法洗涤后的器皿，都必须用自来水将洗涤液冲洗干净，最后再用实验用纯水润洗 2~3 次，以便去除残留的自来水。

为提高洗涤效率，节约用水，洗涤时自来水和纯水的使用均应遵循“少量多次”的原则，即每次用水量要少，并尽量沥干，多洗几次。已洗净的器皿不可用布或纸擦干，以免污染器皿。

（5）注意事项

1）切不可盲目地将各种试剂混合作为洗涤剂使用，也不可任意使用各种试剂来洗涤玻璃器皿。这样不仅浪费药品，而且容易出现危险。

2）根据不同的器皿选择不同的洗涤剂，洗涤剂的用量要适当。用试管刷刷洗试管，在转动或上下移动试管刷时，须用力适当，避免损坏器皿及划伤皮肤。

3）应选择与器皿管口匹配且带有顶毛的毛刷。刷洗时，不能太用力，以免戳破器皿底部。

4）洗涤干净的器皿应放入指定位置，试管要倒立。

5）当倒置器皿，器壁形成一层均匀的水膜，无成滴水珠，也不成股流下时，即已洗净。

3. 玻璃器皿的干燥

应根据不同玻璃材质耐受高温的特性妥善选择玻璃器皿的干燥方式。

（1）晾干

对于不急用的器皿，可在纯水涮洗后，在无尘处倒置晾干水分，然后自然干燥。

（2）烘干

洗净的器皿控去水分，口朝下（或平放），放在电热干燥箱中烘干，温度为 105~120 ℃，烘 1 h 左右。也可放在红外灯干燥箱中烘干。

（3）烤干

烤干指直接用明火加热。烧杯放在石棉网上；试管先管口向下倾斜，再管口向上。

（4）吹干

对于急于干燥的器皿或不适合放入烘箱的较大器皿，可用吹干的办法。通常将少量乙醇、丙酮（或最后再用乙醚）倒入已控去水分的器皿中摇洗并控净溶剂，然后用电吹风吹。

（5）有机溶剂干燥

精密仪器不能加热，可利用有机溶剂易挥发的特点加速器皿的干燥。

4. 玻璃器皿的清洗验证

（1）清洁分析

取清洗后晾干的玻璃器皿，用纯化水进行荡洗，接取荡洗后的纯化水进行 TOC（总有机碳）及电导率的检测。若玻璃器皿的清洗用到乙醇，也可通过气相的方法检测乙醇残留。

（2）清洁残留的限度

目视玻璃器皿表面，应清洗干净，无水渍残留，不挂水珠等。清洁残留的限度可根据实际的样品分别制定。对于液相检测的玻璃器皿，一般在报告阈以下，TOC 的限度可以根据荡洗后纯化水的 TOC 值来制定，电导率的限度可以根据纯化水限度制定。

（3）清洁验证频率

清洁验证频率应根据实验室的分析品种增加情况确定。增加分析品种时，应进行风险评估，以确定是否重新进行清洁验证。当更换洗涤剂或改变清洗方法时，应重新进行清洗验证。

二、玻璃器皿校验

玻璃器皿的准确度会影响实验数据的准确性，但人们对它的关注及维护保养远不及其他精密仪器，使得一些不合规的玻璃器皿在实验过程中造成数据的偏差，影响实验结果。

1. 玻璃器皿准确度标准

实验室常用的玻璃量器包括容量瓶、滴定管、移液管及吸管、量筒等，这些玻璃量器在使用前须确认其达到准确度的要求。

量器按准确度和流出时间分成 A、A2 及 B 三种等级。A 级准确度通常比 B 级准确度高一倍；A2 级准确度介于 A 级、B 级之间，但流出时间与 A 级相同。容量瓶、移液管、滴定管的容量允差应符合国家标准与技术机构制定的标准（A 级），如无特殊说明，应使用 A 级容量仪器。各量器容量允差见表 2-2-3、表 2-2-4、表 2-2-5。

表 2-2-3　　容量瓶容量允差

容量瓶体积/mL	10	25	50	100	250	500	1 000
误差/mL	0. 02	0. 03	0. 05	0. 08	0. 12	0. 20	0. 30
误差/%	0. 20	0. 12	0. 10	0. 08	0. 05	0. 04	0. 03

表 2-2-4　　移液管容量允差

移液管体积/mL	1	2	5	10	25	50	100
误差/mL	0. 006	0. 006	0. 01	0. 02	0. 03	0. 05	0. 08
误差/%	0. 60	0. 30	0. 20	0. 20	0. 12	0. 10	0. 08

表 2-2-5　　滴定管容量允差

滴定管体积/mL	10	25	50
误差/mL	0. 02	0. 03	0. 05
误差/%	0. 20	0. 12	0. 10

2. 校验温度和校验频率

（1）校验温度

玻璃器皿的校验温度通常是 20 ℃。为减少误差，校验时准备的材料（包括校验用试剂、溶液）温度均应相同。

（2）校验频率

玻璃器皿的校验频率应根据器皿本身的特性确定，包括器皿的类型、使用频率及之前校验的数据情况。实验室内部应根据玻璃器皿的使用情况确定合适的校验频率，若没有可参考数据，可暂定校验周期为 1 年，而后根据使用情况进行调整。

3. 校验方法及用品

（1）玻璃器皿的目视检查

做玻璃器皿使用前校验及玻璃器皿定期校验时，应仔细目视检查损坏迹象，如划痕、刻度模糊、有碎玻璃、不可见的刻度标记等，破损的器皿应弃用。特殊条件下使用的器皿，如腐蚀性物质使用、高温使用及机械振动条件下的器皿装置，应提高目视检查的频率。

（2）校验用品及其要求

1）校验用水：高纯去离子水或蒸馏水，不得含有溶解气和重金属（尤其是铜），可用双硫腙法测定。

2）天平：具有适当的量程，准确度至少等于非自动的高准确级别（或可能是特殊准确级别）的天平。

3）温度计：测量范围适当，测量温度误差不超过±0.1 ℃。

4. 校验程序

（1）容量瓶类校验

1）将需校验的容量瓶清洗干净并晾干。

2）称取空容量瓶的质量。

3）将容量瓶及水的温度平衡至 20 ℃，记录水温。

4）将容量瓶放于水平台面上，加水至低于刻度几毫米处，再缓慢加水至刻度。

5）确认容量瓶的外表面及容量瓶内部刻度上面表面没有水，容量瓶的水中无气泡。

6）称取带水容量瓶的质量。

7）从满瓶时称量的结果与空瓶时称量的结果之间的差异，以及考虑到排空空气的修正，得到容量瓶内水的质量。根据容量瓶内水的温度及密度确定容量瓶内水的体积。

（2）移液管类校验

1）将需校验的移液管清洗干净并晾干。

2）将移液管及水的温度平衡至 20 ℃，记录水温。

3）用移液管垂直吸取水至高出被校分度线几毫米处，擦干吸管口外面的水，将弯液面调至被校分度线。

4）称取干净且干燥的具塞锥形瓶的质量。

5）调液面时应使流液口与接水杯内壁接触，接水杯倾斜约 30°，二者不能有相对移动。当完全流出式吸管内的水流至口端不流时，按规定时间等待后，随即将流液口移开（口端保留残留液）。对于无规定等待时间的吸管，为保证液体完全流出，可等待 3 s 左右。对于吹出式吸管，当水流至口端不流时，随即将口端残留液排出。

6）称取带水的具塞锥形瓶的质量。

7）根据温度及水的密度确定移液管移取的水的体积。

三、玻璃器皿破损的现场处置流程

1. 玻璃器皿破损时的处置原则

1）玻璃器皿材质硬且脆，强度不高，导热性能比较差，局部受热后，冷热部分之间产生较大的应力，存储和使用过程中容易破损。实验人员应在选取玻璃器皿时认真检查，发现问题及时处理。

2）使用过程中如果发现玻璃器皿有破损现象，应立即终止实验，防止造成渗漏、割伤、烫伤、腐蚀等事故。

3）应将破损的玻璃器皿及时放到专门的垃圾桶中，不得将其与完好的玻璃器皿混放。

4）因玻璃器皿破损造成有毒有害污染物泄漏时，应按照有毒有害污染物处理办法及时处理。

2. 玻璃器皿破损的应急操作

1）立即戴手套、口罩、帽子、安全眼镜。

2）停止实验。

3）按照有毒有害污染物处理办法及时处理。

4）用镊子将破裂的器皿放入利器盒，污染物放进黄色垃圾袋。

5）选用合适的清洗流程对仪器其他部分进行清洗，消毒处理。

6）填写玻璃器皿破损报告，并上报给实验室管理员。

3. 玻璃器皿破损的赔偿

依据实验室仪器损坏赔偿管理办法相关规定，损坏玻璃器皿应赔偿，并填写仪器损坏赔偿记录表（见表 2-2-6）。

表 2-2-6　　　　仪器损坏赔偿记录表

时间	名称与规格	价值	损坏情况与原因	赔偿情况	赔偿人

四、割伤事故处理

1. 割伤事故的发生及预防

正确地使用各种玻璃器皿对于减少人员伤害是非常重要的。实验人员在使用各种玻璃器皿时，应注意以下事项：

1）使用玻璃器皿前，应对器皿进行检查，不要使用有裂纹的器皿。

2）细口瓶和容量瓶都不是由耐热玻璃制成的，受热容易炸裂，不能直接在电炉上加热，装入的溶液也不可过热；配制溶解放热性物质的溶液时，应先在烧杯内加入试剂，再将溶质一份一份地加入水中溶解，稍冷后再倒入瓶内，以免因溶解产热，使瓶炸裂。

3）用酒精灯或喷灯加热烧杯或烧瓶时，下部应垫石棉网，以免受热不均匀发生炸裂。

4）不要将加热的玻璃器皿放于过冷的台面上，以防止温度急剧变化而引起玻璃破碎。

5）在橡皮塞或橡皮管上安装玻璃管时，应戴防护手套。先将玻璃管的两端用火烧光滑，并将水或油脂涂在接口处作润滑剂。

6）使用玻璃器皿进行非常压（高于大气压或低于大气压）操作时，应当采用适当的保护措施（如有机玻璃挡板），防止玻璃器皿发生爆炸或破裂而造成人员伤害。

7）禁止在普通玻璃器皿中进行压力反应，即使是在较低的压力下也有较大危险。

8）破碎玻璃应及时小心收集起来，并放入专门的垃圾桶中。

2. 止血及包扎处理技术

在实验室内遇到的划伤一般是玻璃器皿破碎所造成的，这种伤口创面边缘比较整齐，如果伤口比较浅，在紧急情况下可自行处理。

较小伤口自行处理的方法如下：

（1）冲洗清创

用双氧水或生理盐水（如果在时间比较紧迫的情况下，可用饮用水或自来水）冲洗伤口 2~3 遍。先将伤口表面的血渍和异物冲洗掉，使创面能够清晰地暴露于视野中，然后检查伤口内是否有玻璃碎片残留。如有残留，应用镊子将伤口内的小玻璃碎片一一取出，注意动作要轻柔。

（2）消毒止血

可用碘酒或碘伏擦拭伤口，应从伤口处向外逐步擦拭消毒，以防止伤口感染。

对于出血较多的伤口，可压迫局部片刻，以控制出血量。压迫时间不可过长，防止伤口缺血造成皮下组织坏死。

（3）包扎

如果只是轻微划破皮出血，贴创可贴即可；对于大一些的伤口，可用消毒过的透气纱布（绷带）包扎。在无纱布（绷带）的情况下，可就地取材用手帕、毛巾等代替。注意包扎后的伤口不要碰水，防止细菌感染。渗出液多时，纱布要勤换。伤口结痂后，可不再包扎，遇到痛痒时莫用手挠，要耐心等痂自行脱落。

对于比较深的伤口，即使面积很小，也应在紧急处理后送往医院就诊，必要时服用消炎药并注射破伤风针剂。

3. 事故记录

割伤事故发生后，应第一时间上报给相关责任部门，并及时填写安全事故记录表（见表 2-2-7）。

表 2-2-7　　　　　　　　　　安全事故记录表

<table>
<tr><td>实验名称</td><td colspan="3"></td><td colspan="2">事故发生时间</td><td colspan="2"></td></tr>
<tr><td>上课教师</td><td colspan="3"></td><td colspan="2">实验室管理员</td><td colspan="2"></td></tr>
<tr><td rowspan="4">涉事人员</td><td colspan="2">姓名</td><td colspan="2">班级</td><td colspan="2">受伤情况</td><td>处置情况</td></tr>
<tr><td colspan="2"></td><td colspan="2"></td><td colspan="2"></td><td></td></tr>
<tr><td colspan="2"></td><td colspan="2"></td><td colspan="2"></td><td></td></tr>
<tr><td colspan="2"></td><td colspan="2"></td><td colspan="2"></td><td></td></tr>
<tr><td>事故经过
及原因</td><td colspan="7"></td></tr>
<tr><td>事故责任者</td><td colspan="4"></td><td colspan="2">调查人员</td><td></td></tr>
<tr><td>处理
意见</td><td></td><td>结案
情况</td><td colspan="2"></td><td>单位
认定</td><td colspan="2">责任单位公章
时间：</td></tr>
</table>

思考与练习

一、判断题

1. 实验中使用易碎玻璃器皿时应轻拿轻放，避免玻璃器皿破碎或造成划伤。（　　）

2. 破损的玻璃器皿只要不影响正常使用，就没有必要更换。（　　）

3. 在实验过程中，发现玻璃器皿有裂纹，但尚未发生跑冒滴漏现象，应该在实验完成后再做处理。（　　）

4. 发现划伤，应立刻用创可贴对划伤处进行包扎。（　　）

5. 发现划伤，应首先用双氧水或生理盐水清洗伤口 2~3 遍，如果时间紧急可用自来水代替。（　　）

6. 软质玻璃主要用来制作量器类器皿，可以加热。（　　）

7. 硬质玻璃主要用来制作烧器类器皿，可以加热。（　　）

8. 滴定管润洗时，润洗液只能从下部放出。（　　）

9. 读数时，应拿住滴定管上部无刻度处，让其自然下垂。（　　）

10. 在使用滴定管时，应右手控制活塞/橡皮管玻璃珠，左手振摇锥形瓶。（　　）

11. 配制好的溶液可以久存于容量瓶中。（　　）

12. 若急需使用比重瓶，可加温干燥。（　　）

13. 玻璃器皿沾有氧化性污物，可用浓盐酸、草酸洗液进行处理。（　　）

14. 配制溶液时，不能用容量瓶进行溶解操作。（　　）

15. 表面皿和蒸发皿都可以加热。（　　）

二、单项选择题

1. 下列仪器不可以加热的是（　　）。

A. 试管　　B. 烧杯　　C. 燃烧匙　　D. 量筒

2. 用试剂瓶盛装（　　）时使用橡胶塞。

A. 碱性试剂　　B. 有机溶剂　　C. 氧化性药品　　D. 酸性药品

3. 下列玻璃器皿不宜直接加热的是（　　）。

A. 锥形瓶　　B. 容量瓶　　C. 烧杯　　D. 离心试管

4. 碱式滴定管的检定周期是（　　）年。

A. 半　　B. 一　　C. 两　　D. 三

5. 滴定管在读数时，视线应与（　　）齐平。

A. 凹液面最高点　　B. 凹液面最低点

C. 凸液面最高点　　D. 凸液面最低点

6. 预估滴定体积为 10 mL 时，应选择（　　）mL 规格的滴定管。

A. 5　　B. 10　　C. 25　　D. 50

7. 在使用试管加热固体时，管底应略（　　）于管口。

A. 平行　　B. 低　　C. 高　　D. 以上都不对

8.（　　）溶液必须使用棕色滴定管。

A. $AgNO_3$　　B. NaOH　　C. HCl　　D. KOH

9. 在使用时需要用待装溶液润洗的玻璃器皿为（　　）。

A. 比色管　　B. 锥形瓶　　C. 滴定管　　D. 滴瓶

10. 新购置的玻璃仪器用去垢剂或肥皂水洗刷，再用自来水洗净后浸泡在 1%~2% 的（　　）溶液中过夜。

A. HNO_3　　B. NaOH　　C. HCl　　D. H_2SO_4

三、多项选择题

1. 用试管夹夹持试管的正确方法是（　　）。

A. 打开试管夹，从试管底部往上套，夹在试管中上部

B. 打开试管夹，从试管口部往下套，夹在试管中上部

C. 夹住后，拇指要放在短柄上

D. 夹住后，拇指不要放在短柄上

2. 下列关于容量瓶的描述中正确的有（　　）。

A. 容量瓶为精确仪器，可配制准确浓度的溶液。它是一种带有磨口玻璃塞的细长颈、梨形的平底玻璃瓶，颈上有刻度，主要用于直接法配制标准溶液和准确稀释溶液以及制备样品溶液

B. 使用前检查瓶塞是否严密、漏水。在瓶中放水到标线附近，塞紧瓶塞，使其倒立，数分钟后用干滤纸片沿瓶口缝处检查，看有无水珠渗出。如果不漏，再把塞子旋转 180°，塞紧，倒置，试验这个方向有无渗漏。再用自来水洗涤，最后用蒸馏水（去离子水）洗涤，洗涤后无须用待装溶液润洗

C. 固体溶解后要用玻璃棒将溶液全部引流到容量瓶中，要用溶剂多次洗涤烧杯，并把洗涤溶液全部转移到容量瓶里，向容量瓶内加入的液体液面离标线 1～2 cm 时，应改用滴管小心滴加，最后使液体的弯月面（凹液面）与刻度线正好水平相切

D. 容量瓶不能长时间存储溶液，将定容好的 100 mL 容量瓶中溶液转移至洁净而干燥的试剂瓶后，试剂瓶中的溶液恰好为 100 mL

3. 下列关于容量瓶的描述中正确的有（　　）。

A. 一种型号的容量瓶只能配制同一体积的溶液

B. 用于洗涤烧杯的溶剂总量可以超过容量瓶的标线

C. 不能用来加热

D. 混合（倒立）后，液面低于刻度线，不能加水补充

4. 滴定管使用前应（　　）。

A. 检验滴定管是否漏水　　B. 使用自来水洗涤后直接使用

C. 使用蒸馏水润洗后直接使用　　D. 使用标准溶液润洗后直接使用

实训 2-2-1　玻璃器皿的清洗

一、实训目的

1. 认识实验室常用玻璃器皿的名称、规格及配套使用物品。

2. 正确清洗实验室常用玻璃器皿。

二、器材准备

实验室常用玻璃器皿及其规格见表 2-2-8。

表 2-2-8　实验室常用玻璃器皿及其规格

名称	常用规格
烧杯	50 mL、100 mL、250 mL、500 mL、1 000 mL、2 000 mL、3 000 mL、5 000 mL
三角瓶	100 mL、250 mL、500 mL、1 000 mL、2 000 mL、3 000 mL
容量瓶	无色：25 mL、50 mL、100 mL、250 mL、500 mL、1 000 mL、2 000 mL 棕色：25 mL、50 mL、100 mL、250 mL、500 mL、1 000 mL、2 000 mL
量筒	5 mL、10 mL、25 mL、50 mL、100 mL、250 mL、500 mL、1 000 mL、2 000 mL
移液管	1 mL（分度 0.01 mL）、2 mL（分度 0.02 mL）、5 mL（分度 0.05 mL）、10 mL（分度 0.1 mL）、20 mL（分度 0.1 mL）、50 mL（分度 0.5 mL）
培养皿	35 mm、75 mm、90 mm、120 mm、150 mm
漏斗	60 mL、80 mL
滴定管	酸式滴定管：50 mL；碱式滴定管：50 mL
滴瓶	无色：30 mL、60 mL、120 mL 棕色：30 mL、60 mL、120 mL
广口瓶	无色：125 mL、250 mL、500 mL、1 000 mL、2 000 mL 棕色：125 mL、250 mL、500 mL、1 000 mL、2 000 mL
试管	10 mm×100 mm、12 mm×100 mm、15 mm×100 mm、15 mm×150 mm、18 mm×180 mm、20 mm×200 mm
温度计	0~100 ℃、0~200 ℃、0~300 ℃
研钵	80 mm、100 mm、120 mm、150 mm

三、实训内容与步骤

1. 洗涤液的配制

常用的洗涤液为重铬酸钾（或重铬酸钠）的硫酸溶液，是一种强氧化剂，去污能力很强，在实验室中用来清洗玻璃和瓷质器皿上的有机物质，但切不可用于清洗金属和塑料器皿。

浓配方：重铬酸钾（工业用）50 g，浓硫酸（粗）800 mL，蒸馏水 150 mL。

稀配方：重铬酸钾（工业用）50 g，浓硫酸（粗）100 mL，蒸馏水 850 mL。

配法：将重铬酸钾溶解在蒸馏水中（可加热），待冷却后，再慢慢加入浓硫酸，边加边搅拌，配好后存放备用。此液可使用很多次，每次用后倒回瓶中储存，直至洗涤液变成绿色时才失效。

2. 玻璃器皿的洗涤

（1）新玻璃器皿的洗涤

新购置的玻璃器皿含游离碱较多，应先用 2%的盐酸浸泡数小时（>4 h），再用自来水冲洗，最后用蒸馏水洗 2~3 次，于烘箱内烘干。

（2）带油污玻璃器皿的处理

凡带有凡士林或液体石蜡的玻璃器皿，在未洗刷前需尽量除去油脂，可在重铬酸钾洗液中浸泡或冲洗，再用肥皂和热水洗刷。

（3）使用过的玻璃器皿的处理

1）刷洗：用毛刷除去器皿上的污渍和其他不溶性及可溶性杂质。

2）用去污粉（或其他洗涤剂）洗涤：洗涤时先将器皿用水润湿，再用毛刷蘸取少许去污粉，将仪器内外洗刷一遍，然后用水边冲边刷洗，直至洗净为止。

（4）容量瓶的清洗

先用自来水洗，后用蒸馏水淋洗 2~3 次。如果容量瓶较脏，可用重铬酸钾洗液洗涤，洗涤时将瓶内水尽量倒空。重铬酸钾洗液应布满内壁，静置数分钟。最后先用自来水洗，再用蒸馏水洗。

（5）移液管的清洗

1）使用重铬酸钾洗液进行洗涤。把移液管的下口插入洗液瓶中。用洗耳球将洗液吸至刻线以上 2~3 cm，用食指按住管口，并把一个滴管用的胶头套在移液管的上口。然后将移液管继续立在洗液瓶中，静置 5~10 min，把洗液放回瓶中并用洗耳球将管中残留的洗液吹入瓶中。

2）使用自来水进行洗涤。把用洗液洗过的移液管置于自来水龙头下，打开水阀使水从移液管上口流入，待水全部充满移液管下部及部分充满移液管的球部时，用食指按住移液管的上口将管横过来，用两手的拇指及食指分别拿住移液管的两端。转动移液管并使水布满全管的内壁，当溶液流至距上口 2~3 cm 时，将管直立，使水从尖嘴放出，用自来水将移液管洗涤 3 遍。

3）使用所移取的溶液润洗。在用移液管移取溶液之前，必须用所移取的溶液润洗 3 次。用一个干净并干燥的小烧杯取一定量的溶液，将溶液吸入刚至移液管的球部，立即用食指按住管口（尽量勿使溶液回流，以免稀释），将管横过来，用两手的拇指及食指分别拿住移液管的两端，转动移液管，并使溶液布满全管的内壁，当溶液流至距上口 2~3 cm 时，将管直立，使溶液由尖嘴放出。

【注意事项】

1）用过的器皿应立即洗涤。

2）洗涤过程中，要轻拿轻放，刷洗力度不可过大，避免机械损伤造成玻璃器皿破裂。

3）强酸、强碱、重铬酸钾等有毒、有腐蚀性的物质不能直接倒在洗涤槽内，必须倒在废弃物回收容器内。

4）用毛刷和去污粉清洗容量瓶、移液管，有可能会使仪器的容积增大，而且其刻度线一般都比较细，容易被刮掉。对于这类仪器，尽量使用液体冲洗法清洗。

四、实训测评

按表 2-2-9 所列实训评分标准进行测评，并做好记录。

表 2-2-9　　实训评分标准

序号	考核内容	考核标准	配分	得分
1	洗涤液的配制	①重铬酸钾的称取，缺一项扣 2 分 ②硫酸溶液的量取，缺一项扣 2 分 ③水的量取，缺一项扣 2 分 ④重铬酸钾洗液的配制，缺一项扣 4 分	10	
2	新玻璃器皿的洗涤	①盐酸浸泡，缺一项扣 3 分 ②自来水冲洗，缺一项扣 3 分 ③用蒸馏水洗，缺一项扣 4 分	10	
3	带油污玻璃器皿的处理	①重铬酸钾洗液浸泡或冲洗，缺一项扣 5 分 ②肥皂和热水洗刷，缺一项扣 5 分	10	
4	使用过的玻璃器皿的处理	①刷洗，缺一项扣 10 分 ②用去污粉（或其他洗涤剂）洗涤，缺一项扣 10 分	20	

续表

序号	考核内容	考核标准	配分	得分
5	容量瓶的清洗	①重铬酸钾洗液洗涤，缺一项扣 10 分 ②用自来水洗，缺一项扣 5 分 ③用蒸馏水淋洗，缺一项扣 5 分	20	
6	移液管的清洗	①重铬酸钾洗液洗涤，缺一项扣 10 分 ②自来水洗涤，缺一项扣 10 分 ③所取溶液润洗，缺一项扣 10 分	30	
合计			100	

实训 2-2-2　容量器皿的校准

一、实验目的

1. 掌握滴定管、移液管、容量瓶的使用方法。

2. 练习滴定管、移液管、容量瓶的校准方法，并了解容量器皿校准的意义。

二、实验原理

滴定管、移液管和容量瓶是滴定分析法常用的容量器皿。容量器皿的容积与其所标出的体积并非完全相符。因此，在准确度要求较高的分析工作中，必须对容量器皿进行校准。

由于玻璃器皿有热胀冷缩的特性，在不同的温度下，容量器皿的体积也有所不同。因此，校准玻璃容量器皿时，必须规定一个共同的温度值，即标准温度。国际上规定，玻璃容量器皿的标准温度为 20 ℃，即在校准时将玻璃容量器皿的容积校准到 20 ℃时的实际容积。容量器皿常采用相对校准和绝对校准两种校准方法。

1. 相对校准

两种容器体积之间有一定的比例关系时，常采用相对校准的方法。例如，25 mL 移液管量取液体的体积应等于 250 mL 容量瓶量取液体体积的 1/10。

2. 绝对校准

绝对校准是测定容量器皿的实际容积。常用的校准方法为衡量法，又叫称量法。即用天平称得容量器皿容纳或放出纯水的质量，然后根据水的密度，计算出该容量器皿在标准温度 20 ℃时的实际体积。由质量换算成容积时，需考虑以下 3 个方面的影响：

1）水的密度随温度的变化。

2）温度对玻璃器皿容积胀缩的影响。

3）在空气中称量时空气浮力的影响。

为了方便计算，将上述 3 种因素综合考虑，得到一个总校准值。经总校准后，不同温度下纯水的密度见表 2-2-10。

表 2-2-10　　不同温度下纯水的密度

温度/ ℃	密度/（g·cm^{-3}）	温度/ ℃	密度/（g·cm^{-3}）
10	0.998 4	21	0.997 0
11	0.998 3	22	0.996 8
12	0.998 2	23	0.996 6
13	0.998 1	24	0.996 4
14	0.998 0	25	0.996 1
15	0.997 9	26	0.995 9
16	0.997 8	27	0.995 6
17	0.997 6	28	0.995 4
18	0.997 5	29	0.995 1
19	0.997 3	30	0.994 8
20	0.997 2		

注：空气密度为 0.001 2 g·cm^{-3}，钙钠玻璃体膨胀系数为 2.6×10^{-5} ℃$^{-1}$。

3. 溶液体积对温度的校正

容量器皿是以 20 ℃为标准来校准的，使用时则不一定在 20 ℃，因此，容量器皿的容积以及溶液的体积都会发生改变。由于玻璃的膨胀系数很小，在温度相差不太大时，容量器皿的容积改变可以忽略。稀溶液的密度一般可用纯水的密度来代替。

三、仪器

分析天平、50 mL 酸式滴定管、25 mL 移液管、250 mL 容量瓶、50 mL 容量瓶、温度计（0~50 ℃或 0~100 ℃，公用）、洗耳球。

四、实验内容

1. 酸式滴定管的校正

先将干净并且外部干燥的 50 mL 容量瓶置于台秤上粗称其质量，然后在分析天平上称量，准确称至小数点后第二位（0.01 g）。将去离子水装满欲校准的酸式滴定管，调节液面至 0.00 刻度处，记录水温，然后按每分钟约 10 mL 的流速，放出 10 mL（要求在 10 mL±0.1 mL 范围内）水于已称过质量的容量瓶中，盖上瓶塞，再称出容量瓶与水的质量，两次质量之差即为放出水的质量。用同样的方法称量滴定管中从 10 mL 到 20 mL、20 mL 到 30 mL 等刻度间水的质量。用实验温度时的密度除每次得到的水的质量，即可得到滴定管各部分的实际容积。将 25 ℃时校准滴定管的实验数据列入表 2-2-11 中。

表 2-2-11 滴定管校准表

（水的温度为____℃，水的密度为____ $g \cdot cm^{-3}$）

编号	滴定管度数/mL	容积/mL	瓶与水的质量/g	水的质量/g	实际容积/mL	校准值/mL	累计校准值/mL
Ⅰ							
Ⅱ							
Ⅲ							
Ⅳ							
Ⅴ							
Ⅵ							
Ⅶ							

2. 移液管的校准

将 25 mL 移液管洗净，吸取去离子水调节至刻度，放入已称量的容量瓶中，再对容量瓶进行称量，根据水的质量计算在此温度时的实际容积。两支移液管各校准 2 次，同一支移液管两次称量差不得超过 20 mg，否则重做校准。测量数据按表 2-2-12 记录和计算。

表 2-2-12 移液管校准表

（水的温度为____℃，水的密度为____ $g \cdot cm^{-3}$）

编号	移液管容积/mL	容量瓶质量/g	瓶与水的质量/g	水的质量/g	实际容积/mL	校准值/mL
Ⅰ						
Ⅱ						

3. 容量瓶与移液管的相对校准

用 25 mL 移液管吸取去离子水注入洁净并干燥的 250 mL 容量瓶中（操作时切勿让水碰到容量瓶的磨口）。重复 10 次，然后观察溶液弯月面下缘是否与刻度线相切，若不相切，另做新标记，经相互校准后的容量瓶与移液管均做上相同标记，可配套使用。

五、实训测评

按表 2-2-13 所列实训评分标准进行测评，并做好记录。

表 2-2-13 实训评分标准

序号	考核内容	考核标准	配分	得分
1	酸式滴定管的校正	①清洗酸式滴定管，应洁净且无污物残留，错误扣 5 分 ②凡士林涂酸式滴定管活塞均匀，错误扣 5 分 ③滴定管滴定前无气泡，错误扣 10 分 ④滴定管使用熟练，控制液滴滴速合理，错误扣 10 分 ⑤酸式滴定管的校准误差小，错误扣 10 分	40	
2	移液管的校准	①清洗移液管，应洁净且无污物残留，错误扣 5 分 ②吸取液体平稳，错误扣 5 分 ③移液管使用熟练，调节至刻度线无重复，错误扣 10 分 ④酸式滴定管的校准误差小，错误扣 10 分	30	
3	容量瓶与移液管的相对校准	①容量瓶洁净且无污物残留，错误扣 5 分 ②移取液体平稳，错误扣 5 分 ③容量瓶使用熟练，调节至刻度线，然后观察溶液弯月面下缘是否与刻度线相切，若不相切扣 10 分 ④容量瓶的校准误差小，错误扣 10 分	30	
合计			100	

§2-3　高温高压设备的安全使用

学习目标

1. 了解高温高压设备的特殊性，具备防范意识。
2. 能够安全使用烘箱、马弗炉、气瓶等高温高压设备。
3. 能够预防并正确处理烫伤、砸伤和爆炸类事故。

化学实验室内配置的高温高压设备属于特种设备，其危险性高，一旦疏忽大意、违章操作，极易造成人员伤亡。因此，在使用、检维修、保养这些设备的过程中，要保持高度的警觉，做好危害识别和风险分析，严格执行规程，避免事故发生。

一、高温设备的安全使用

1. 常见的高温设备

常用的实验室加热仪器设备有马弗炉、水浴锅、油浴锅、电热鼓风干燥箱、电热套、电加热板等。

（1）马弗炉

马弗炉（见图 2-3-1）是一种通用的加热设备，也称为高温马弗炉。因热源不同，一般温度可达 900～1 100 ℃，常用于金属熔融、有机物灰化及重量分析等工作。马弗炉有配套的自动控温仪，用来设定、控制、测量炉内的温度。

（2）水浴锅

水浴锅（见图 2-3-2）广泛用于干燥、浓缩、蒸馏、浸渍化学试剂和生物制品，也可用于水浴恒温加热和其他温度试验，是生物、遗传、病毒、水产、环保、卫生、生化实验室、分析室、教育科研不可或缺的工具。

（3）油浴锅

油浴锅（见图 2-3-3）又称为电热恒温油浴锅、恒温油浴槽、油浴器、油浴加热器，内胆选用不锈钢板和精密机械加工工艺制造，具有耐高温、耐腐蚀的特点。油浴锅采用智能微电脑控温仪，LED（发光二极管）数字显示，直观、准确，广泛用于科研、院校等企事业单位实验室蒸馏、干燥、浓缩，还可以用于恒温测试实验和辅助加热等。

（4）电热鼓风干燥箱

电热鼓风干燥箱（见图 2-3-4）采用热风循环系统，由能在高温下连续运转的风机和特殊风道组成，广泛用于玻璃器皿的干燥，实验样本、食品、化学物质的热变性、热硬性、热软化、水分排除以及生物工程中器皿、器具的干热杀菌。

图 2-3-1　马弗炉

图 2-3-2　水浴锅

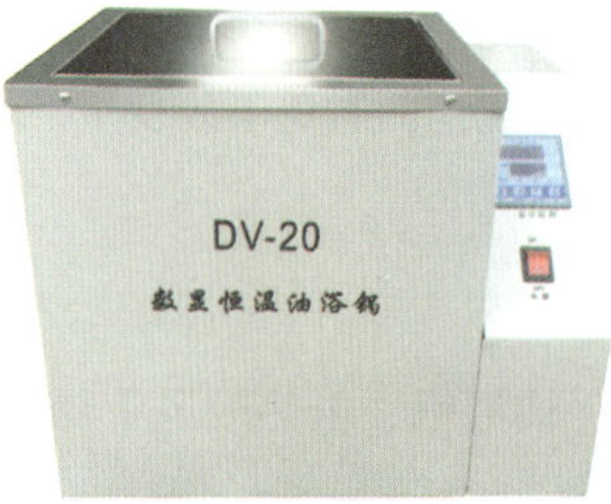

图 2-3-3　油浴锅

图 2-3-4　电热鼓风干燥箱

（5）电热套

电热套（见图 2-3-5）广泛应用于样品的加热、烘焙、干燥和其他温度试验。电热套加热功率按容量大小分为 200 W、400 W、600 W、800 W，选用高效保温节能材料作填充，能快速实现恒温控制，温控范围从室温至 200 ℃，操作简便，使用安全，是生物、遗传、环保、生化实验室、分析室、教育科研的必备工具，适用于实验室的液体加热。

（6）电加热板

实验室电加热板（见图 2-3-6）也称为实验电热板、电热消解板、陶瓷加热板，主要用于实验室各类分析样品加热、熔化、加热溶解的恒温装置。此加热器具有加热面积大、升温快、无明火、加热均匀、轻便、节约能源、不易碰伤玻璃器皿等优点。

图 2-3-5 电热套

图 2-3-6 电加热板

2. 烘箱的安全使用

（1）作业前

1）工作前严格按该类设备的检查制度进行工作前检查，并做好记录。

2）开启抽风装置，打开手动排气阀，将烘箱排废气阀门开到最大挡。检查抽风装置是否正常工作。

3）烘箱内温度传感器四周 20 mm 内不能堆放产品，以防传感器测出的温度与实际箱内温度误差过大，造成产品报废。

（2）作业中

1）打开烘箱总电源开关及烘箱电源，按照实验要求设定温度参数。

2）将待烘物品放到烘箱的隔层铁网上，打开烘箱开关，烘箱开始工作。

3）烘箱通电工作时，须用温度计测量烘箱内温度，该温度与显示温度相差应在 10 ℃范围内，如果温差过大必须立即关闭电源。

4）按规定定时对烘箱温度进行测量并记录。

（3）作业结束

作业结束后，应关闭烘箱电源。

（4）安全注意事项

1）如果烘箱内发生燃烧事故，必须立即关闭电源，严禁将烘箱门打开，待烘箱内燃烧完全熄灭后才能打开烘箱门，再进行处理。

2）操作人员装取待烘物品时，必须戴手套，防止手被烫伤。

3）严禁将纸张、纸盒、木箱等易燃物品放入烘箱内。

4）放置待烘物品时，不要紧贴烘箱壁，也不要放置得过于紧凑。

5）维修时，应注意安全防护，避免烫伤并悬挂“维修中，禁止合闸”等警示标志。断电维修时，应先验电。

3. 马弗炉的安全使用

（1）作业前

1）马弗炉应放于稳固、平坦、不导电的平台上。

2）不用时应开门散热，并关闭电源。

3）通电前，检查马弗炉电气性能是否良好，接地线是否完好，注意是否有停电或漏电现象。

4）经常保持炉内清洁、干燥，及时清除炉内氧化物等杂质，炉膛周围不得放置易燃、易爆和腐蚀性物品。

（2）作业中

1）打开电源开关。

2）将温度设置为实验所需的温度。

3）马弗炉第一次使用或长时间停用后再次使用时，必须进行烘炉。烘炉的时间应为室温至 200 ℃ 4 h，200~400 ℃ 2 h，400~600 ℃ 2 h。使用时，炉温不得超过马弗炉最高使用温度的下限。

4）实验人员戴好隔热手套，用坩埚钳夹住坩埚（内有实验品），将其置于事先放到炉膛内的石棉板上。

5）使用马弗炉时，不得离人，防止自控失灵造成事故。

（3）作业后

1）实验结束后，关闭电源开关，切断电源，使马弗炉内温度自然降至室温，不应立即打开炉门，以免炉膛突然受冷碎裂。

2）实验人员戴好隔热手套，用坩埚钳夹出坩埚。

（4）安全注意事项

1）在高温或使用过程中，不要拔出或插入热电偶，以防热电偶外壳爆裂。

2）严禁向炉内倒入各种液体和可溶性金属。

3）熔融碱性物质时，应避免熔融物外溢，避免污染炉膛。

4）在做灰化试验时，一定要先将样品在电炉上充分炭化后，再放入灰化炉中，以防炭的积累损坏加热元件。

5）炉膛内应垫一层石棉板，以削减坩埚的磨损及避免炉膛污染。

6）不得连续运转 8 h 以上。

7）发现漏电或其他不正常现象时，应请专人修理，不得随意乱动。

二、压力容器的定义和分类

1. 压力容器的定义

压力容器是指盛装气体或者液体，承载一定压力的密闭设备。

2. 压力容器的分类

压力容器主要为圆柱形，少数为球形或其他形状。圆柱形压力容器通常由筒体、封头、接管、法兰等零件和部件组成。压力容器工作压力越高，筒体的壁厚就应越厚。压力容器分类如下：

（1）按压力等级分类

按压力等级，压力容器可分为内压容器和外压容器。内压容器又可按设计压力（p）分为4个压力等级，具体划分标准如下：

1）低压容器（代号L）：$0.1\ \mathrm{MPa} \leqslant p < 1.6\ \mathrm{MPa}$。

2）中压容器（代号M）：$1.6\ \mathrm{MPa} \leqslant p < 10.0\ \mathrm{MPa}$。

3）高压容器（代号H）：$10.0\ \mathrm{MPa} \leqslant p < 100.0\ \mathrm{MPa}$。

4）超高压容器（代号U）：$p \geqslant 100.0\ \mathrm{MPa}$。

（2）按容器在生产中的作用分类

1）反应压力容器（代号R）：用于完成介质的物理、化学反应。

2）换热压力容器（代号E）：用于完成介质的热量交换。

3）分离压力容器（代号S）：用于完成介质的流体压力平衡缓冲和气体净化分离。

4）储存压力容器（代号C，其中球罐代号B）：用于储存、盛装气体、液体、液化气体等介质。

在一种压力容器中，如同时具备两个以上的工艺作用原理时，应按工艺过程中的主要作用来划分品种。

（3）按安装方式分类

1）固定式压力容器：有固定安装和使用地点，工艺条件和操作人员也较固定的压力容器。

2）移动式压力容器：使用时不仅承受内压或外压载荷，搬运过程中还会受到由于内部介质晃动引起的冲击力，以及运输过程带来的外部撞击和振动载荷，因而在结构、使用和安全方面均有其特殊的要求。

3. 压力容器的使用要求

1）压力容器使用前，应经压力容器登记机关核定安全状况等级，办理压力容器使用登记手续。凡未办理登记、注册的压力容器，一律不得使用。

2）制定压力容器的工艺和岗位操作规程。

3）压力容器的操作人员必须经专业技术培训，并经锅炉压力容器安全监察机构考核合格并颁发压力容器操作证后，方可上岗独立操作。

4）压力容器操作人员培训考核应做好记录，培训考试成绩记入“安全作业证”。

5）严禁无证上岗。

6）积极配合具有资质的压力容器检验部门的定期检验工作。

7）报废的压力容器应由使用单位进行处理。按报废处理的，不得再作承压容器使用，并不得转让、销售。

8）转让、涂改使用证的，锅炉压力容器安全监察机构应予注销，并责令使用单位停止使用该压力容器。

9）在用压力容器超过检验期限不按有关规定检验又不申报的，不得继续使用，该容器的使用证即行无效。

10）危及安全的在用压力容器，在规定期限内不修复、不采取有效措施妥善处理的，应停止使用，并注销其使用证。

三、气瓶的使用和管理

1. 气瓶的分类和标记

实验室中常见气瓶见表2-3-1。

表2-3-1　　实验室中常见气瓶

气瓶名称	涂漆颜色	字样	字样颜色	图片
氧气瓶	淡蓝色	氧	黑色	
液化石油气钢瓶（民用）	银灰色	液化石油气	红色	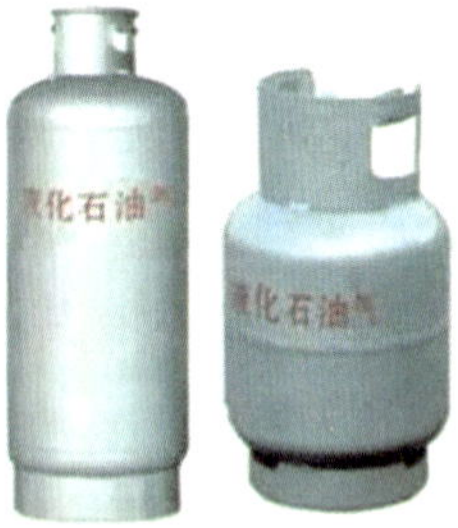
乙炔气瓶	白色	乙炔 不可近火	红色	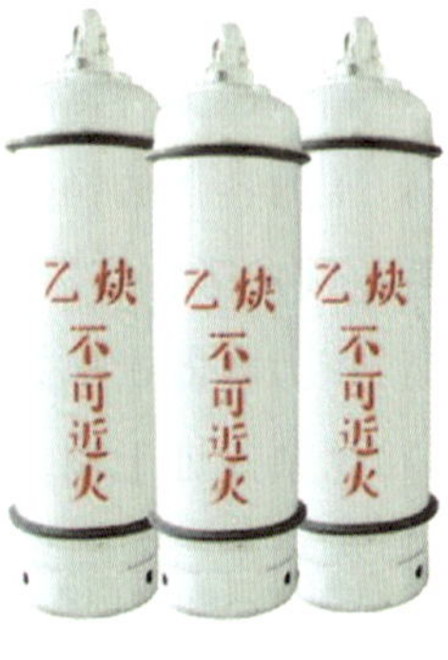

续表

气瓶名称	涂漆颜色	字样	字样颜色	图片
氢气瓶	淡绿色	氢	红色	
丙烷气瓶	棕色	液化丙烷	白色	
氩气瓶	银灰色	液氩	深绿色	
二氧化碳气瓶	铝白色	液化二氧化碳	黑色	
氮气瓶	黑色	氮	白色	

续表

气瓶名称	涂漆颜色	字样	字样颜色	图片
氨气瓶	淡黄色	液氨	黑色	
氯气瓶	深绿色	液氯	白色	

2. 气瓶的存放、搬运

（1）气瓶存放一般规定

1）储存气瓶的仓库应具有耐火性能。门窗应向外开，装配的玻璃采用毛玻璃或涂以白色油漆，地面应平坦不滑，砸击时不会产生火花。

2）容积较小的仓库（存储量在 50 个气瓶以下）与其他建筑物的距离应不少于 25 m，较大的仓库与施工及生产地点的距离应不少于 50 m。仓库与住宅和办公楼的距离应不少于 100 m。

3）储存气瓶的仓库周围 10 m（乙炔气瓶仓库周围 15 m）距离以内，不准堆置可燃物品，不准进行锻造、焊接等明火工作，也不准吸烟。存储乙炔气瓶的仓库应通风良好，并避开射线源。

4）仓库内应设架子，使气瓶垂直立放，空的气瓶可以平放堆叠，但每一层应垫有木制或金属制的型板，堆叠高度不准超过 1.5 m。

5）存放气瓶的仓库内，空瓶与实瓶应分开放置，并有明显标志。装有氧气的气瓶不准与乙炔气瓶或其他可燃气体的气瓶储存于同一仓库。

6）储存气瓶的仓库内温度应不超过 40 ℃。不准使用取暖设备。

7）储存气瓶的仓库内必须备有消防用具，并应采用防爆照明，仓库内应通风良好。

（2）气瓶搬运一般规定

1）气瓶搬运应使用专门的台架或手推车。

2）运输气瓶时应将气瓶放在特制半圆形的承窝木架内；如果没有承窝木架，可以在每个气瓶上套以厚度不少于 25 mm 的防震胶圈两个，以免互相撞击。

3）所有气瓶的气门都应朝向一面。

4）用汽车运输气瓶时，气瓶不准顺车厢纵向放置，应横向放置。气瓶押运人员应坐在司机驾驶室内，不准坐在车厢内。

5）为防止气瓶在运输途中滚动，应将其可靠地固定住。

6）用散篷交通工具运输气瓶时，应用帆布遮盖，以防止烈日暴晒。

7）不论是已充气的气瓶还是空的气瓶，均应将瓶颈上的保险帽和气门侧面连接头的螺帽盖盖好后才许运输。

8）运送氧气瓶时，必须保证气瓶不沾染油脂、沥青等。

9）严禁把氧气瓶及乙炔气瓶放在一起运送，也不准将氧气瓶与易燃物品或装有可燃气体的容器一起运送。

3. 气瓶的安全使用

以氧气瓶为例，使用时一般应注意以下几点：

1）在连接减压器前，应将氧气瓶的输气阀门开启 1/4 转，吹洗 1~2 s，然后用专用的扳手装上减压器。工作人员应站在阀门接头的侧方。

2）若气瓶上的阀门或减压器气门有缺陷，应立即停止工作，更换气瓶或减压器，严禁自行对气瓶阀门进行维修。

3）使用中的气瓶必须进行定期检查，使用期满或送检未合格的气瓶禁止继续使用。氧气瓶应按规定进行水压试验。过期未经水压试验或试验不合格者不准使用。在接收氧气瓶时，应检查印在瓶上的试验日期及试验机构的鉴定。

4）气瓶的充装必须按规定程序由专业部门承担，禁止使用没有粘贴符合安全技术规范及国家标准规定的警示标签和充装标签的气瓶。

5）运到现场的氧气瓶，应验收检查。如有油脂痕迹，应立即擦拭干净；如缺少保险帽或气门上缺少封口螺栓或有其他缺陷，应在瓶上注明“注意瓶内装满氧气”，退回充装单位。

6）气瓶在保管、使用中，严禁改变该瓶的涂色和标志，以防止涂色脱落造成误充气。

7）氧气瓶内的压力降到 0.196 kPa 后，不准再使用。用过的瓶上应写明“空瓶”。

8）氧气瓶阀门应使用专门扳手开启，不准使用凿子、锤子开启。乙炔气瓶阀门必须用特殊的键开启。

9）在工作地点，最多只许有两个氧气瓶：一个工作，一个备用。

10）使用中的氧气瓶和乙炔气瓶应竖直放置并固定起来。每一气瓶上应套两个厚度不小于25 mm的防震胶圈。氧气瓶和乙炔气瓶的距离不得小于5 m，氧气瓶和乙炔气瓶到焊接作业点火源的距离应不小于10 m。

11）严禁使用没有减压器的氧气瓶。严禁使用没有减压器和回火防止器的乙炔气瓶。在气体用量集中的场合使用的汇流排系统应合理设置回火保险气阀、止回阀、减压阀、滤清阀、事故排放管等。

12）禁止将装有气体的气瓶与电线相接触。

13）在焊接时，禁止将带有油迹的衣服、手套或其他沾有油脂的工具、物品与氧气瓶软管及接头相接触。

14）露天安装的气瓶，应用帐篷或轻便的板棚遮护，以免受到阳光暴晒。

15）所有与乙炔相接触的部件（包括仪表、管路、附件等）不得由铜、银以及铜（或银）含量超过70%的合金制成。

4. 气瓶的充装

以氧气瓶为例，气瓶的安全充装规程如下：

（1）气瓶充装人员及场地要求

1）气瓶充装人员必须经过专业培训，并经考试取证后方能从事气瓶充装工作。气瓶充装站人数不得少于8人。

2）必须具备符合要求的充瓶场地、设施。检测、控制设备良好，方能开展充装作业。

（2）气瓶充装前的检查

1）检查气瓶种类与充装作业的介质是否一致。

2）检查气瓶外表颜色是否与所装气体的规定标记相符。

3）检查气瓶附件是否齐全、无损。

4）检查气瓶外观有无油脂（包括瓶阀）、腐蚀、烧灼痕迹。

5）检查气瓶是否过期。

6）检查气瓶是否贴有收发合格证。

7）确认瓶阀的出气口螺纹形式为右旋外螺纹。

8）对初次使用的新瓶，必须经气瓶检验人员按规程检验合格后才能投入使用。

9）对外观检查认可的气瓶，开展余气检查。发现异常情况的，会同检验人员确定合格后才能开展充装作业。

（3）气瓶充装

1）气瓶充装用压力表精度为1.5级，表盘直径为150 mm，每半年校验一次。

2）准备：将检查合格的气瓶推至充氧台，上紧充氧卡具，翻开瓶阀，并通知氧压机开车准备充瓶。

3）充瓶中的检查：当充氧压力大于 5 MPa 时，开展冷瓶检查（手摸耳听），发现异常应及时关闭瓶阀及汇流排上相应的分气阀，将氧气瓶推出充氧台做检查。当压力达到气瓶充装温度下允许的最高压力时，关闭此路高压阀，开启另一路，随即关闭各瓶阀，翻开回气阀。

全部充完后，通知液氧泵关闭。将充装完的气瓶推至满瓶区。

（4）充装后的检查

对充装完的氧气瓶，应有专人负责逐只开展检查（眼看耳听），发现瓶阀不平、漏气、瓶体有异常的，推至待修区域以备处理。

每一批次充装完的气瓶，任意抽取若干气瓶做压力测定。检查合格的“满瓶”推至满瓶库储存。

（5）充装记录

1）充装站应有专人填写充装记录。

2）气瓶充装记录应妥善保管，保存时间为 3 年。

四、事故处理

1. 烧伤类事故的处理

（1）烧伤及烫伤的定义

烧伤：主要指热能、化学物质、电能、放射线等引起的皮肤、黏膜甚至深部组织的损害。

烫伤：指由高温液体（沸水、热油）、高温固体（烧热的金属等）或高温蒸气等所致损伤。

（2）事故预警

一旦发生了烧伤类事故，如果属于轻度受伤，可利用自救常识及时进行救治；如果发生较严重的烧伤类事故，应马上报告，启动应急措施，在做初步救护处理后，及时送往医院治疗。

（3）应急处置措施

烧伤的急救主要包括降温及保护患处。如果烧伤后皮肤尚完整，应尽快使局部降温，如将其置于水龙头下冲洗，这样会带走局部组织热量并减少进一步损害。

1）如果伤者烧伤处已经起了水疱，应该保护局部或降温。用干净的水冲洗伤处时，注意不要刺破或擦破水疱以防止感染。若伤处肿胀，应去掉饰物，连续用冷水冲洗伤处，然后用不带黏性的敷料或潮湿的消毒垫子轻覆水疱之上。除非水疱很小，否则一定要将伤者送往医院。

2）如果伤者的衣服和伤处有粘连，应该用剪刀将伤处周围的衣服剪开，尽可能让伤处暴露出来，用清洁的纱布轻轻覆盖。

3）对于火烧伤，如果衣服着火，应注意不能跑动，以免煽起火焰。应将衣服脱去，但要留下与身体粘连的部分。可用大毯子、衣服、抹布或类似物覆盖灭火。用潮湿被单或类似物将伤者包裹，送医院检查。如果皮肤已经烧坏，要用干净的垫子覆盖其上以保护伤处，减少感染危险。如果伤者烧伤的程度十分严重，有些皮肤已经出现炭化的迹象，不要触动伤处，以免因处理过多造成二次损伤。

4）对于液体烫伤，要用冷水冲走热的液体，局部降温 10 min，并用干净、潮湿的敷料覆盖。如果口腔被烫伤，由于伤处肿胀可能影响呼吸，因此急救一定要快。

5）当化学品（硫酸、氢氧化钠等）烧伤皮肤时，应马上用干毛巾将残留的化学品轻轻除去，然后用大量的冷水冲洗。但对硫酸等能够和水起剧烈化学反应的化学品，不可直接用水冲洗。

对伤势较重的伤者，在做初步处理后，应及时拨打“120”急救电话或直接送往医院治疗。

2. 砸伤类事故的处理

（1）砸伤的定义

砸伤是指失控的物体在惯性或重力等其他外力的作用下产生运动，打击人体而造成人身伤亡事故。

（2）事故预警

对物料进行搬运、维修时，如果作业现场杂乱、空间狭小、注意力不集中、劳动防护用品佩戴不齐全或不规范，可能造成物体打击事故。

在抬运物料的过程中，人员注意力不集中，工作时间较长，工作状态不佳或在有外界干扰的情况下操作等，都可能导致事故发生。

（3）应急处置程序与措施

1）事故第一发现人应立即大声呼救，并第一时间通知实验室负责人。

2）若为机械打击伤害，应立即关闭机械电源；若为高处坠物伤害，应大声呼喊，提示危险源，引起注意，防止二次伤害发生。

3）实验室负责人应迅速赶到现场，初步判断人员受伤情况、事故发生原因，立即向部门安全负责人报告事故发生地点、事故类型、事故危害程度等。

4）部门安全负责人向学校安全责任领导报告事故和人员受伤的大致情况，学校启动应急救援方案，应急救援小组第一时间赶赴现场。

5）若为皮外伤，应立即将伤者转移到安全地带。

6）若出现呼吸、心搏停止，现场应急措施如下：

①应立即进行胸外心脏按压和人工呼吸。

②避免围观和移动伤者，以免造成伤者呼吸困难。

③拨打“120”急救电话。

7）若出现骨折，现场急救措施如下：

①使用木棍、板条、树枝、手杖或硬纸板等初步固定伤者断肢。

②尽量减少伤者移动，使用担架或门板转移伤者至安全地带。

③拨打“120”急救电话。

8）若伤者流血不止，现场人员或伤者自身应用清洁手指压迫出血点上方使血流中断，并将出血肢体抬高，利用现场毛巾或布条绑扎出血处，以减少出血量。同时拨打“120”急救电话。

9）实验室负责人应组织人员在现场设立警戒区，注意保护现场，劝离无关人员，等待救援人员到来。

10）注意事项如下：

①救援人员抵达现场，应穿戴好工作服、安全帽并配备急救药箱。

②实验室负责人拨打“120”急救电话后，应指派人员到路口接应急救援车辆。

③在做好事故紧急救助的同时，应注意保护事故现场，对相关信息和证据进行收集和整理，做好事故调查工作。

④事故调查与应急救援工作结束后，应总结分析经验教训，提出改进救援工作的意见和建议，并形成报告，报送有关部门。

3. 爆炸事故处理

（1）爆炸的定义

爆炸是一种极为迅速的物理或化学的能量释放过程。在此过程中，空间内的物质以极快的速度把其内部所含有的能量释放出来，转变成机械能、光和热等能量形态，产生巨大的破坏作用。爆炸产生破坏作用的根本原因是构成爆炸的体系内存有高压气体或在爆炸瞬间生成高温高压气体。

（2）事故预警

导致爆炸事故发生的原因多是存在管理漏洞，如有消防隐患，易燃易爆物品附近有明火出现，管理人员安全意识不强，实验人员对化学品性质认识不清，违规操作等。

（3）应急处置

1）事故应急处置程序。事故现场人员应立即报告实验室负责人、部门安全负责人，部门安全负责人根据事故的大小和发展态势立刻向学校安全责任领导等报告，并同时启动本校相应级别的应急预案。当事故超出本校应急处置能力时，应向当地政府有关部门及上级单位请求支援。

2）现场应急处置措施如下：

①爆炸事故发生后，现场发现人应立即报告给实验室负责人，并对事故现场进行警戒。

②根据事故现场情况，判断是否可能发生二次爆炸，撤离所有人员至安全地带。

③当爆炸引起建筑物坍塌，造成人员被埋、被压的情况，应在确认不会发生二次事故的前提下，立即组织人员抢救受伤人员。

④当发现有人受伤时，拨打“120”急救电话，详细说明事故地点、伤亡情况、联系电话，并派人到路口接应。

思考与练习

一、判断题

1. 《气瓶安全技术规程》（TSG 23—2021）规定，盛装溶解乙炔的气瓶，应当装设易熔合金塞装置。（　　）

2. 二氧化碳气瓶的钢印标记中的充装介质是 CO_2。（　　）

3. 装卸作业时，不应将阀门对准人身，气瓶应直立转动，不准脱手滚瓶或传接，气瓶直立放置时应稳妥牢靠。（　　）

4. 液化石油气钢瓶瓶体颜色为银灰色。（　　）

5. 高压液化气体气瓶集束装置的充装量应严格控制，发现充装过量的气瓶，应将超装的液体妥善排出。（　　）

6. 乙炔气瓶充装丙酮时的压力应小于 0.8 MPa。（　　）

7. 装卸气瓶时应配备好瓶帽，注意保护气瓶阀门，防止撞坏。（　　）

8. 气瓶充装后瓶体不得出现鼓包、变形或泄漏等严重缺陷，如发现不符合要求的，应迅速查明原因，制定纠正措施。（　　）

9. 氧气是人类赖以生存的物质，但当人长时间在高浓度氧环境中时，会引起“氧中毒”。在常压下氧的浓度超过40%时，就有发生氧中毒的可能性。（　　）

10. 溶解乙炔气体气瓶充气前必须保证待充装的乙炔气瓶经过充装前检查，符合充装要求。（　　）

二、单项选择题

1. 做接触高温物体的工作，应（　　）和穿上合适的工作服。

A. 戴安全帽　　B. 戴手套　　C. 系好安全带　　D. 戴口罩

2. 当发现实验室起火时，要立即切断电源，关闭煤气，移走可燃物，针对

（　　），采取相应的灭火措施。

A. 药品的毒性　　B. 火源的性质

C. 电气设备特性　　D. 分析仪器的状态

3. 压力容器顶部的最高压力是（　　）。

A. 设计压力　　B. 工作压力

C. 最高的工作压力　　D. 最高的设计压力

4. 充装用混合气体气瓶和瓶阀应满足混合气体配置的需要，其（　　）应不与混合气体中的组分发生任何化学反应，应不影响气体的质量。

A. 材质、材料　　B. 化学性质　　C. 结构形式　　D. 气瓶种类

5. 一定量的气体压强和体积的乘积与绝对温度的比值（　　）。

A. 成正比　　B. 成反比　　C. 为常数　　D. 为变数

6. 乙炔的化学性质（　　）。

A. 活泼　　B. 不活泼　　C. 一般化　　D. 非常活泼

7. 水压试验压力为检验气瓶（　　）强度所进行的以水为介质的耐压试验的压力。

A. 静压　　B. 动压　　C. 抗拉　　D. 屈服

8. 气瓶瓶帽应当有良好的抗撞击性，不得用（　　）制造。

A. 可锻铸铁　　B. 灰口铸铁　　C. 铸铝　　D. 铸钢

三、多项选择题

1. 气瓶是一种移动式压力容器。按照充装介质的性质，气瓶可以分为（　　）。

A. 压缩气体气瓶　　B. 液化气体气瓶

C. 溶解气体气瓶　　D. 挥发性气体气瓶

2. 气瓶的标记和标识有（　　）。

A. 钢印标记　　B. 外表漆色及字样

C. 气瓶警示标签　　D. 检验标签

3. 下列关于马弗炉使用与维护注意事项的表述中，正确的有（　　）。

A. 取放试样时，应先切断电源，或在马弗炉下填放绝缘橡胶

B. 马弗炉初次使用或长期停用后恢复使用时，应先进行烘炉，烘炉温度为 200～600 ℃，时间为 4 h

C. 更换加热元件时，应先将炉后钢板拆下，取出保温砖，即可将炉膛取出，换好加热元件后，再照原样装好

D. 马弗炉的控温箱要注意防止潮湿，以延长其使用寿命和防止短路

4. (　　) 物品禁止放入马弗炉内干燥，以免发生危险。

A. 腐蚀性　　B. 易燃性　　C. 易爆性　　D. 放射性

5. 下列关于水压试验的说法中，正确的有 (　　)。

A. 水压试验对容器和管线冲水和排水时，必须打开容器和管道系统最高点阀门

B. 水压试验时，容器和管道外部应保持干燥

C. 水压试验时的压力为设备的设计压力

D. 水压试验保压时间不低于 30 min

四、简答题

1. 简述马弗炉的安全使用规程。

2. 内压容器按设计压力大小如何分级?

3. 爆炸事故的现场处置措施有哪些?

4. 将下列容器按安全技术管理分类：

1) 设计压力为 1.6 MPa，容积为 3 m^3，储存中度危害介质的容器。

2) 设计压力为 0.5 MPa，汽车上装液氨的储罐。

3）设计压力为 10 MPa，介质无毒害的容器。

4）设计压力为 0.1 MPa 的搪玻璃容器。

5. 特种设备安全监察执法主体属于哪个部门？

6. 发生安全事故后，事故现场有关人员应当立即向谁报告？

实训 2-3　烧伤事故现场处置演练

一、实训目的

1. 能够认识烧伤的危害。

2. 正确判断烧伤的类型。

3. 能够迅速对烧伤展开应急处置。

二、器材准备

小药箱、毛巾、矿泉水、烫伤药品、投影仪器等。

三、实训内容与步骤

事故预想：有机化学实验室实验人员在做实验时不小心打翻正在加热的热油，导致烫伤。

1）策划员讲解出现烫伤事件后应急救治方法，并安排演练参与人员具体分工协作，并填写表 2-3-2。

表 2-3-2　　演练参与人员分工表

扮演角色	扮演人
策划员	指导教师
现场人员	
实验室管理员	
应急救援指挥部部长	
应急处置组成员	
学校安全责任领导	

2）烫伤事件发生后，现场人员应立即将事故情况报告实验室管理员，实验室管理员应立即向应急救援指挥部报告。

3）应急救援指挥部接到报告后，组织应急处置组成员立即赶赴现场进行应急处理，并根据实际情况确定是否启动烧伤事故应急预案。

4）因事故有进一步扩大的趋势，应急救援指挥部部长立即宣布启动烧伤事故应急预案。

5）应急预案启动后，应急处置组各成员按照各自的职责立即展开救援。

6）模拟过程。××××年××月××日××时××分，有机化学实验室实验人员×××在做实验时不慎被烫伤腿部，现场人员发现情况后第一时间向实验室管理员报告情况，实验室管理员接到报告后立即组织现场人员将受伤人员转移（以便远离危险源，观察其症状），并进行紧急救治，同时将事故情况报告给应急救援指挥部。应急救援指挥部接到情况报告后认为事态严重，宣布启动应急预案，并立即组织应急处置组成员赶赴现场进行抢救，并将事故情况报告给学校安全责任领导。

7）烧伤具体救治方法。烧伤的急救主要包括降温及保护伤处。如果烧伤后皮肤尚完整，应尽快使局部降温，如将其置于水龙头下冲洗，这样会带走局部组织热量并减少进一步损害。

①如伤者烫伤处已经起水疱，应保护局部或降温，用干净的水冲洗伤处，注意不要刺破或擦破水疱以防感染。若伤处红肿，应用干净冷水冲洗伤处，然后用消毒纱布轻覆在水疱上。除非水疱很小，否则一定要将伤者送医院治疗。

②伤者衣服与伤处有粘连时，应用剪刀将伤处衣服剪开，尽可能让伤处暴露出来，用消毒纱布覆盖。

③应保护好现场，维护好秩序，为救援留出通道。

8）症状严重者，在做好相应的处理后，应第一时间转移到最近的医院进行治疗。

9）经过现场伤情分析，伤者需要送医治疗，应急指挥救援指挥部部长一边采取积极有效的处理措施，一边与医院联系，第一时间将伤者送往医院。

四、实训测评

按表 2-3-3 所列实训评分标准进行测评，并做好记录。

表 2-3-3　　实训评分标准

序号	考核内容	考核标准	配分	得分
1	团队分工	团队分工合理，5 分	5	
2	现场人员	现场演示： ①及时发现伤员，5 分 ②及时向实验室管理员报告，5 分	10	
3	实验室管理员	①及时向应急救援指挥部报告，5 分 ②组织现场人员将受伤人员转移，5 分 ③组织现场人员对受伤人员进行紧急救治，5 分	15	

续表

序号	考核内容	考核标准	配分	得分
4	应急救援指挥部部长	①及时组织应急处置组成员立即赶赴现场，5 分 ②及时启动烧伤事故应急预案，5 分	10	
5	应急处置组成员	各成员按照各自的职责立即展开救援，5 分	5	
6	烫伤具体救治方法	①伤者转移及时，10 分 ②降温措施得当，10 分 ③保护伤处方法得当，10 分 ④伤口包扎方法得当，10 分	40	
7	现场保护与秩序维持	现场保护良好，秩序井然有序，15 分	15	
合计			100	

§2-4 实验室的危险源识别

学习目标

1. 能够列举危险源识别的方法。
2. 能够掌握危险源识别应考虑的因素。
3. 能够熟练应用安全检查表法开展实验室的危险源识别。

危险源识别是发现、列举和描述实验室存在的危险和有害因素的过程。实验室安全管理的目的在于控制危险和有害因素，改善实验室的安全环境。因此，全面识别危险源成为实验室安全管理体系建立与保持的基础。对辨识出的不同类型危险源的控制与管理是安全管理的核心。

将危险源识别作为安全管理工作的基础和重点，其目的就是通过这一持续不断的活动和手段，使实验室存在的各类危险源得到重视，使各项措施制定和落实的依据更加明确。在有效开展安全管理体系建设的过程中，必须围绕危险源的识别、风险评价，提出风险控制计划，制定管理方案，并按要求实施、执行控制程序，检查、落实完成情况。

危险源识别的充分性、准确性和合理性是影响安全管理效果的重要因素，只有识别出各方面风险，才能有针对性地控制风险，从而减少事故的发生。

一、危险源识别概述

1. 危险源基础知识

（1）危险源的定义

危险源是指一个系统中具有潜在能量和物质释放危险的、可造成人员伤害、在一定的触发因素作用下可转化为事故的部位、区域、场所、空间、岗位、设备及其位置。危险源识别是指通过正确的方法，准确、及时地识别出危险源，进而对其进行管理和控制，避免事故发生。

一般来讲，危险源由 3 个要素构成，即潜在危险性、存在条件和触发因素。潜在危险性是指事故发生后可能带来的危害程度或损失大小。存在条件是指危险源所处的物理、化学状态和约束条件状态。触发因素是危险源转化为事故的外因，是危险源触发的敏感因素。

（2）危险源的分类

危险源一般可分为两类。

一类是能量或有害物质所构成的第一类危险源，如行驶车辆具有的动能、高处重物具有的势能以及电能等，它是导致事故的根源。

另一类是包括人的不安全行为、物的不安全状态以及管理缺陷等在内的第二类危险源。第二类危险源是防控屏障上影响其作用发挥的缺陷或漏洞，正是这些缺陷或漏洞致使约束能量或有害物质的屏障失效，导致能量或有害物质失控，从而导致事故发生。

例如，乙醇试剂瓶中的乙醇就是第一类危险源，它的失控可能导致火灾或爆炸。乙醇试剂瓶的包装缺陷以及使用者的违章操作等则为第二类危险源，正是这些问题导致乙醇试剂瓶中的乙醇泄漏而引发事故。

针对这些特点，可将化学实验室危险源分为人的因素（来自人员自身或人为性质的危险源）、物的因素（设备、设施、材料等方面的危险源）、环境因素（实验室内外部环境中的危险源）和管理因素（管理和管理责任缺失所导致的危险源）4 类，见表 2-4-1。

表 2-4-1 危险源的分类

类型	主要危险源
人的因素	健康状况、心理状况、危险源辨识情况、操作情况、监护情况
物的因素	设备、设施及工具，防护，电，噪声，振动，电离辐射，明火，高温物质，低温物质，标志标识，理化危险，健康危险，生物性危险
环境因素	室内实验场所环境（地面、操作台面、安全通道、安全出口、采光照明、温度、湿度）、室外环境［建（构）筑物、天气、交通］
管理因素	安全管理机构、安全管理制度、培训教育制度、操作规程、隐患排查、应急管理

（3）危险源识别应考虑的因素

应系统识别实验室活动所有阶段可预见的危险源（如机械、电气、高温、低温、火灾、噪声、毒物、辐射等危险）或与任务不直接相关的可预见的危险源（如实验室突然停电、停水、自然灾害等特殊状态下的危险）。

1）危险源识别应考虑以下因素：

①常规和非常规活动，包括新引入化学品、新开发或引入化学反应或工艺等。

②正常工作时间和正常工作时间之外所进行的活动。

③进入实验室的所有人员的活动。

④人员因素，包括行为、能力、身体状况、可能影响工作的压力等。

⑤可能对实验室人员健康产生不利影响的工作场所外的活动。

⑥工作场所附近、相邻区域的实验室相关活动。

⑦工作场所的设施、设备和材料，无论是本实验室的还是外界提供的。

⑧实验室功能、活动、材料、设备、环境、人员、相关要求等发生变化。

⑨对运行、过程和活动产生影响的安全管理体系的更改。

⑩任何与风险评估和必要的控制措施实施相关的法定要求。

⑪实验室结构和布局、区域功能、设备安装、运行程序和组织结果，以及人员的适应性。

⑫本实验室或相关实验室已发生的安全事故。

2）发生以下情况时，应重新进行危险源识别：

①采用新的设备、材料、方法，环境、人员发生变化，实验室结构、功能改变时。

②包括物质存储或使用的实验室分区执行的任务发生改变之前。

③变更工作流程时。

④发生事故后。

2. 危险源识别的方法

开展危险源识别及有效控制，是科学、有效地实现实验室安全的方法，也是落实“安全第一、预防为主、综合治理”安全生产方针的具体措施。

（1）询问、交谈

与具有工作经验的人进行交谈。具有工作经验的人往往能指出其工作中存在的危险，从这些危险中可初步分析出所存在的危险源。

（2）现场观察

通过对现场的观察，可发现存在的危险源。从事现场观察的人员，要求具有安全技术知识及掌握完善的职业健康安全法规和标准。

（3）查阅有关记录

可通过查阅有关记录，如安全事故、职业病的记录，从中发现存在的危险源。

（4）获取外部信息

从相关类似文献资料、专家咨询等方面获取有关危险源信息，加以分析研究，可识别出存在的危险源。

(5) 工作任务分析

通过分析工作任务中所涉及的危险，识别出有关的危险源。

(6) 安全检查表法（SCA）

安全检查表法是最早开发、最基础、应用最广泛的危险源识别方法。

(7) 危险与可操作性研究（HAZOP）

危险与可操作性研究是对工艺过程中的危险源实行严格审查和控制的技术。它通过指导语句和标准格式寻找工艺偏差，以识别系统存在的危险源，并确定控制危险源风险的对策。

(8) 事件树分析法（ETA）

事件树分析法是从初始原因事件开始，分析各环节事件“成功（正常）或失败（失效）”的发展变化过程，并预测各种可能结果的方法，即时序逻辑分析判断方法。应用这种方法，通过对系统各环节事件的分析，可识别出系统的危险源。

(9) 事故树分析法（FTA）

事故树分析法根据系统可能发生的或已经发生的事故结果，去寻找与事故发生有关的原因、条件和规律。通过这样的过程分析，可识别出系统中导致事故的有关危险源。

二、安全检查表法概述

20 世纪 30 年代工业迅速发展时期，由于安全系统工程尚未出现，安全工作者为了解决生产中遇到的日益增多的事故，运用系统工程的手段编制了一种检验系统安全与否的表格。系统工程广泛应用以后，安全系统工程开始萌芽，对安全检查表的研究逐步深入，使得安全检查表的编制越来越科学、全面和完善。

安全检查表法（safety checklist analysis，SCA）是依据相关的标准、规范，对工程、系统中已知的危险类别、设计缺陷以及与一般工艺设备、操作、管理有关的潜在危险性和有害性进行判别检查，适用于工程、系统的各个阶段，是安全系统工程中最基础、最简便、应用最广泛的系统危险性评价方法。为了系统地找出系统中的不安全因素，对系统加以剖析，列出各层次的不安全因素，然后确定检查项目，以提问的方式把检查项目按系统的组成顺序编制成表，以便进行检查或评审，这种表就称为安全检查表。安全检查表是进行安全检查，发现和查明各种危险和隐患，监督各项安全规章制度实施，及时发现并制止违章行为的一个有力工具。安全检查表可以事先编制并组织实施，自 20 世纪 30 年代应用以来已发展成为预测和预防事故的重要手段。

1. 安全检查表的编制依据

安全检查表的编制主要依据以下 4 个方面的内容：

1）国家、地方的相关安全法规、规范和标准，行业、企业的规章制度、标准及企业安全生产操作规程。

2）国内外行业、企业事故统计案例及经验教训。

3）行业及企业安全生产经验，特别是本企业安全生产的实践经验。

4）系统安全分析的结果，如采用事故树分析方法找出的不安全因素，可作为防止事故发生的控制点源列入检查表。

2. 安全检查表的优点

1）安全检查表能够事先编制，可以做到系统化、科学化，为事故树的绘制和分析做好准备，不至于漏掉可能导致事故发生的关键因素。

2）可以根据现有的法律、法规、标准、规范和规章制度等检查执行情况，得出正确的评估结论。

3）通过事故树分析和编制安全检查表，将实践经验上升到理论，从感性认识上升到理性认识，并用理论指导实践，充分认识影响事故发生的各种因素的危险程度（或重要程度）。

4）安全检查表是按照原因事件的重要顺序排列的，有问有答，通俗易懂，能使人们清楚地知道哪些原因事件最重要，哪些次要，促使人们规范操作，起到安全教育的作用。

5）安全检查表可以与安全生产责任制相结合，对不同的检查对象使用不同的安全检查表，易于分清责任，还可以提出改进措施，并进行检验。

6）安全检查表是定性分析的结果，是建立在原有的安全检查基础和安全系统工程之上的，简单易学，容易掌握，符合我国现阶段的实际情况，为安全预测和决策提供坚实的基础。检查人员可按安全检查表逐项检查，操作方便，能弥补其知识和经验不足的缺陷。

3. 安全检查表的缺点

1）只能做定性评价，不能定量分析。

2）只能对已经存在的对象进行评价。

3）编制安全检查表的难度和工作量大，检查表的质量受制于编制者的知识水平及经验积累。

4）要有事先编制的各类检查表，有赋分、评级标准。

三、安全检查表法的实施

安全检查表法的实施主要包括 4 个步骤：收集评价对象的有关数据资料，选择或编制安全检查表，现场危险源检查识别和编写危险源识别结果分析。

1. 收集评价对象的有关数据资料

收集评价对象的有关数据资料是指按照国家有关法律、法规、标准、规范的要求，根据系统或经验分析的结果，把评价项目及环境的危险因素收集起来，编制指导性或强制性的安全检查表。编制安全检查表应收集的主要资料如下：

1）有关编制规程、规范及规定。

2）同类企业的安全管理经验及国内外事故案例。

3）通过系统安全分析已确定的危险部位及其防范措施。

4）装置的有关技术资料等。

2. 选择或编制安全检查表

评价人员应熟知国家及地方安全评价法规、标准中规定的各类安全检查表，根据评价对象正确选择适宜的安全检查表。各类安全检查表包括日本劳动省的安全检查表、美国杜邦公司的过程危险检查表、我国机械工厂安全性评价表、危险化学品经营单位安全评价现场检查表、加油站安全检查表、液化石油充装站安全评价现场检查表、光气及光气化产品生产装置安全检查表等。当无适宜的安全检查表可选用时，评价人员应根据评价对象正确选择评价单元，参照法规、标准要求编制安全检查表。编制安全检查表是安全检查表法的重点和难点，编制时应注意以下问题：

1）检查表的项目内容应繁简适当、重点突出、有启发性。

2）检查表的项目内容应针对不同评价对象有侧重点，尽量避免重复。

3）检查表的项目内容应有明确的定义，可操作性强。

4）检查表的项目内容应包括可能导致事故的一切不安全因素，确保能及时发现各种事故隐患。

安全检查表应列举需查明的会导致事故的所有不安全因素。它采用提问的方式，要求回答“是”或“否”。“是”表示符合要求，“否”表示存在问题，有待于进一步改进。在每个提问后面可以设改进措施栏。每个检查表均应注明检查时间、检查者、直接负责人等，以便分清责任。安全检查表的设计应做到系统、全面，检查项目应明确。

3. 现场危险源检查识别

在编制完安全检查表后，即可根据安全检查表所列项目，在现场逐项进行检查，对检查到的事实情况如实记录和评定。

4. 编写危险源识别结果分析

在完成上述检查后，可根据检查的记录，按照安全检查表的评价计值方法，对危险源给予安全程度评级，进行系统安全分析。定性的分析结果随不同分析对象而变化，应得出与标准或规范是否一致的结论。安全检查表的分析结果应能提出一系列提高安全性的措施。

5. 安全检查表示例

根据《检验检测机构资质认定能力评价　检验检测机构通用要求》（RB/T 214—2017）编制安全检查表，对检验检测机构的人员、场所环境、设备设施中存在的危险源进行辨识，具体见表 2-4-2。

表 2-4-2　　　　　　检验检测机构安全检查表

检查项目：检验检测机构

检查对象：人员、场所环境、设备设施

检查人员：　　　　　　　　　　　　检查时间：

序号	检查内容	检查依据	检查结果
1	检验检测机构应对抽样、操作设备、检验检测、签发检验检测报告或证书以及提出意见和解释的人员，依据相应的教育、培训、技能和经验进行能力确认。应由熟悉检验检测目的、程序、方法和结果评价的人员，对检验检测人员包括实习员工进行监督	RB/T 214—2017 第 4.2.5 条	
2	检验检测机构应建立和保持人员培训程序，确定人员教育和培训的目标，明确培训需求和实施人员培训。培训计划应与检验检测机构当前和预期的任务相适应	RB/T 214—2017 第 4.2.6 条	
3	检验检测机构应保留人员的相关资格、能力确认、授权、教育、培训和监督的记录，记录包含能力要求的确定、人员选择、人员培训、人员监督、人员授权和人员能力监控	RB/T 214—2017 第 4.2.7 条	
4	检验检测机构应有固定的、临时的、可移动的或多个地点的场所，上述场所应满足相关法律法规、标准或技术规范的要求。检验检测机构应将其从事检验检测活动所必需的场所、环境要求制定成文件	RB/T 214—2017 第 4.3.1 条	
5	检验检测机构应确保其工作环境满足检验检测的要求。检验检测机构在固定场所以外进行检验检测或抽样时，应提出相应的控制要求，以确保环境条件满足检验检测标准或者技术规范的要求	RB/T 214—2017 第 4.3.2 条	
6	检验检测标准或者技术规范对环境条件有要求时或环境条件影响检验检测结果时，应监测、控制和记录环境条件。当环境条件不利于检验检测的开展时，应停止检验检测活动	RB/T 214—2017 第 4.3.3 条	

续表

序号	检查内容	检查依据	检查结果
7	检验检测机构应建立和保持检验检测场所良好的内务管理程序，该程序应考虑安全和环境的因素。检验检测机构应将不相容活动的相邻区域进行有效隔离，应采取措施以防止干扰或者交叉污染。检验检测机构应对使用和进入影响检验检测质量的区域加以控制，并根据特定情况确定控制的范围	RB/T 214—2017 第 4.3.4 条	
8	检验检测机构应配备满足检验检测（包括抽样、物品制备、数据处理与分析）要求的设备和设施。用于检验检测的设施，应有利于检验检测工作的正常开展。设备包括检验检测活动所必需并影响结果的仪器、软件、测量标准、标准物质、参考数据、试剂、消耗品、辅助设备或相应组合装置。检验检测机构使用非本机构的设施和设备时，应确保满足标准要求。检验检测机构租用仪器设备开展检验检测时，应确保： ①租用仪器设备的管理应纳入本检验检测机构的管理体系 ②本检验检测机构可全权支配使用，即租用的仪器设备由本检验检测机构的人员操作、维护、检定或校准，并对使用环境和储存条件进行控制 ③在租赁合同中明确规定租用设备的使用权 ④同一台设备不允许在同一时期被不同检验检测机构共同租赁和资质认定	RB/T 214—2017 第 4.4.1 条	

思考与练习

一、判断题

1. 危险源识别的充分性、准确性和合理性是影响安全管理效果的重要因素。（　　）

2. 乙醇试剂瓶中的乙醇是第二类危险源。（　　）

3. 工作时间之外的活动不是危险源识别应该考虑的因素。（　　）

4. 采用询问、交谈的方法进行危险源识别时，交谈的对象为具有工作经验的人。（　　）

5. 工作任务分析是最早开发、最基础、应用最广泛的危险源识别方法。 (　　)

6. 安全检查表按照原因事件的重要顺序排列，有问有答，通俗易懂，能使人们清楚地知道哪些原因事件最重要，哪些次要，促使人们采取正确的方法操作，起到安全教育的作用。 (　　)

7. 当无适宜的安全检查表可选用时，评价人员应根据评价对象正确选择评价单元，参照法规、标准要求编制安全检查表。 (　　)

8. 每个安全检查表均应注明检查时间、检查者、直接负责人等，以便分清责任。 (　　)

9. 安全检查表是定量分析的结果，是建立在原有的安全检查基础和安全系统工程之上的，简单易学，容易掌握。 (　　)

10. 安全检查表是进行安全检查，发现和查明各种危险和隐患，监督各项安全规章制度的实施，及时发现并制止违章行为的一个有力工具。 (　　)

二、单项选择题

1. 下列关于危险源的说法中，不正确的是（　　）。

A. 危险源可能是一个部位，也可能是一个空间

B. 危险源具有潜在能量和物质释放危险

C. 可能造成人员伤害

D. 危险源不可转化为事故

2. 下列属于第一类危险源的是（　　）。

A. 能量或有害物质　　B. 人的不安全行为

C. 物的不安全状态　　D. 管理缺陷

3. 实验室采光照明属于（　　）危险源。

A. 人的因素　　B. 物的因素　　C. 管理因素　　D. 环境因素

4. 下列不属于危险源识别应该考虑的因素的是（　　）。

A. 常规和非常规活动，包括新引入化学品、新开发或引入化学反应或工艺等

B. 本实验室或相关实验室已发生的安全事故

C. 工作场所内由外界提供的设施、设备和材料

D. 未进入实验室的人员的活动

5. SCA 指的是（　　）。

A. 安全检查表法　　B. 危险与可操作性研究

C. 故障树分析法　　D. 工作任务分析

6. （　　）是一种根据系统可能发生或已经发生的事故结果，去寻找与事故发生

有关的原因、条件和规律，通过这样的过程分析，可识别出系统中导致事故的有关危险源。

A. 事件树分析法　　B. 故障树分析法

C. 危险与可操作性研究　　D. 安全检查表法

7.（　　）是对工艺过程中的危险源实行严格审查和控制的技术。它通过指导语句和标准格式寻找工艺偏差，以识别系统存在的危险源，并确定控制危险源风险的对策。

A. SCA　　B. HAZOP　　C. ETA　　D. FTA

8. 安全检查表法的实施主要包括 4 个步骤，顺序正确的是（　　）。

a. 收集评价对象的有关数据资料

b. 选择或编制安全检查表

c. 现场危险源检查识别

d. 编写危险源识别结果分析

A. abcd　　B. abdc　　C. badc　　D. bacd

9. 编制安全检查表是安全检查表法的重点和难点，编制时应注意的问题不包括（　　）。

A. 检查表的项目内容应繁简适当、重点突出、有启发性

B. 检查表的项目内容针对不同评价对象可以类似，不可避免重复

C. 检查表的项目内容应有明确的定义，可操作性强

D. 检查表的项目内容应包括可能导致事故的一切不安全因素，确保能及时发现各种事故隐患

10. 下列关于编制安全检查表的说法中，错误的是（　　）。

A. 安全检查表应列举应查明的会导致事故的所有不安全因素

B. 采用提问的方式，要求回答"是"或"否"。"是"表示符合要求，"否"表示存在问题，有待于进一步改进。因此，每个提问后面必须设改进措施栏

C. 每个检查表均应注明检查时间、检查者、直接负责人等，以便分清责任

D. 安全检查表的设计应做到系统、全面，检查项目应明确

三、多项选择题

1. 危险源识别是（　　）实验室存在的危险和有害因素的过程。

A. 发现　　B. 列举　　C. 描述　　D. 消除

2. 危险源由（　　）3 个要素构成。

A. 潜在危险性　　B. 直接危害性　　C. 触发因素　　D. 存在条件

3. 实验室应系统识别实验室活动所有阶段可预见的危险源，包括（   ）。

A. 机械危险　　B. 电气危险

C. 毒物危险　　D. 实验室突然停电

4. 发生以下（   ）情况时，应重新进行危险源识别。

A. 采用新的设备、材料、方法，环境、人员发生变化，实验室结构、功能改变时

B. 包括物质存储或使用的实验室分区执行的任务发生改变之前

C. 变更工作流程时

D. 实验室突然停电

5. 安全检查表的编制依据包括（   ）。

A. 国家、地方的相关安全法规、规范和标准，行业、企业的规章制度、标准及企业安全生产操作规程

B. 国内外行业、企业事故统计案例及经验教训

C. 行业及企业安全生产经验，特别是本企业安全生产的实践经验

D. 系统安全分析的结果，如采用事故树分析方法找出的不安全因素，可作为防止事故发生的控制点源列入检查表

实训 2-4　使用安全检查表法识别实验室中化学品危险源

一、实训目的

1. 掌握安全检查表法的实施步骤。

2. 正确使用安全检查表法开展实验室化学品危险源识别。

二、识别准备

识别前需要准备好检测任务对应的安全检查表，认真阅读任务单、采样计划及检测流程，准备仪器试剂。

（1）成立识别小组

识别以头脑风暴的方式进行，识别小组由检测任务负责人、安全管理员和操作人员组成。

（2）识别的目的

以头脑风暴的方式，依据任务单、采样计划及检测流程、相关试剂的化学品安全技术说明书和设备，以及识别小组的理论、经验，全方位、定性找出实验全过程可能存在的危险源，从而优化实验方案，提高其过程安全性，减少事故发生概率和减轻事故后果。

三、实训内容与步骤

以水质样品理化指标测定项目中工业废水碱度的测定为例，使用安全检查表法识别实验室中的危险源。

1. 收集评价对象的有关数据资料

（1）使用试剂

盐酸、碳酸钠、无二氧化碳水、酚酞、乙醇、甲基橙。

（2）工作过程

1）依据检测流程，领取物品（药品试剂、玻璃器皿、仪器设备等）。

2）确认滴定管检定状态是否正常。

3）洗涤玻璃器皿等物品。

4）领取试剂溶液：盐酸标准溶液、甲基橙指示剂、酚酞指示剂。

5）取样（包含空白、标准样品、实际样品），对空白、标准样品、实际样品依次进行测定，同时填写原始记录，并进行相应的数据计算。

6）检测人员对数据进行相互复核，复核不通过，查找原因，复测；复核通过，提交原始记录单。

7）检毕后，清理实验台及物品。

（3）工作方法

1）检测人员（双人）领取试剂及物品。

2）确认滴定管在检定周期内，且可正确使用。

3）清洗玻璃器皿。

4）按要求领取试剂。

5）检测人员依据标准，独立完成检测实验，并填写原始记录单。

6）检测人员依照标准进行复核，提交原始记录单。

7）清理实验台及物品。

（4）工作要求

1）遵守试剂领取管理规定，双人领取危险化学品。

2）可溯源实验物品（包含天平、滴定管）应在检定周期内。

3）玻璃器皿不挂壁，移液管和滴定管在使用前要润洗。

4）领取指定试剂，摆放至指定位置。

5）每批次样品至少选取 1 个样品做平行样，同时做空白实验，并检测质控样。

6）复核时认真按照公式进行计算。

7）废液统一收集。

（5）工作依据

《水和废水监测分析方法（第四版）》第三篇第一章中的酸碱指示剂滴定法。

《检测实验室安全　第 5 部分：化学因素》（GB/T 27476.5—2014）。

2. 选择或编制安全检查表

1）根据检查的类型和形式选择实验室适用的安全检查表。

2）对于不完全适用的安全检查表，可进行适当修订。

3）没有可选用的安全检查表时，可根据实际情况仿照其格式自行编制配套的安全检查表。

安全检查表的内容应包括：

①检查项目和要求。

②检查的对象和人员。

③检查步骤和方法。

④检查依据和准则。

⑤检查结果。

⑥检查人员签注姓名和时间。

4）修订或编制的安全检查表要经过识别小组组长的审查同意方可使用。

工业废水碱度测定中化学品危险源安全检查表样表见表 2-4-3。

表 2-4-3　工业废水碱度测定中化学品危险源安全检查表样表

检查项目：工业废水碱度测定中使用的化学品危险源

检查对象：盐酸、碳酸钠、无二氧化碳水、酚酞、乙醇、甲基橙等试剂

检查人员：　　　　　　　　　　　　检查时间：

序号	检查内容	检查依据	检查结果
1	实验室应对检测过程中涉及的物料，包括检测样品、消耗性材料进行安全控制，识别这些物品可能对检测人员和其他相关人员产生的危害，并控制这些危险因素		
2	化学品安全技术说明书和物品清单： 实验室应对所使用的化学品和有害物质的种类、数量及其安全信息进行详细登记，并制定相应物品清单。该物品清单以及化学品安全技术说明书里的安全信息应易得、易懂。这些信息应能被应急服务人员获得并使用。化学品安全技术说明书应符合《化学品安全技术说明书　内容和项目顺序》（GB/T 16483—2008）的规定	GB/T 27476. 1—2014 第 5. 6. 1. 2 条	测定前应检查化学品安全技术说明书和物品清单是否齐全，并如实填写检查结果
3	安全信息应便于使用。在使用化学品前应查阅和考虑风险评价结果，安全信息可能包括危险的类型、溢出物的处置要求、烧伤或其他创伤、合适的储存程序、安全处理方法、正确标识等。涉及化学品使用的人员应得到并理解上述信息。实验室应在一定期限内保存所有化学品（尤其是危险化学品）的详细清单及相关记录和资料，并定期更新	GB/T 27476. 5—2014 第 5. 6. 1. 2 条	测定前应检查涉及化学品使用的人员是否掌握了安全信息，并如实填写检查结果
4	标识和标签： ①物料应有明确的安全标签和标识，应标注充分的信息，用以清晰界定不同物质，且实验室人员应熟悉其相关危险特性。化学品安全标签和标识应符合《化学品安全标签　编写规定》（GB 15258—2009）、《化学品分类和危险性公示　通则》（GB 13690—2009）的规定	GB/T 27476. 1—2014 第 5. 6. 1. 3 条、GB/T 27476. 5—2014 第 5. 6. 1. 3 条	检查试剂的标识和标签，并如实填写检查结果

续表

序号	检查内容	检查依据	检查结果
4	②若标签模糊，应重新加贴标签 ③应在物品上加贴适当的警示标志 ④不应使用未贴标签的容器中的化学品		
5	①易燃化学品应存放在通风良好、低温区域，且不应在着火源附近使用，如不应在明火、热表面、电气开关冒出火花附近或有静电的地方使用 ②即使在常温下，易燃气体和易燃化学品的蒸气也可能被气流携带至实验室各处。蒸气有可能被点燃、着火，使周围物品着火或点燃易燃化学品本身。所以，易燃化学品应在通风良好的地方或通风柜内使用 ③存放易燃化学品的容器不得开口放于实验室或存储区内。化学品取用完应盖紧 ④连续或大量使用易燃有机溶剂时，考虑到操作的特殊性，应充分通风。强制通风在这种情况下非常必要，必要时应使用防爆电子装备	GB/T 27476. 5—2014 第 A3. 1 条	检查试剂的使用环境，并如实填写检查结果

注：GB/T 27476. 1—2014 指《检测实验室安全　第 1 部分：总则》（GB/T 27476. 1—2014）。GB/T 27476. 5—2014 指《检测实验室安全　第 5 部分：化学因素》（GB/T 27476. 5—2014）。

3. 现场危险源检查识别

（1）现场检查

1）各检查人员依据安全检查表内容逐项进行检查。

2）检查人员要公平、公正、客观地对待问题。

3）各检查人员如实记录检查结果。

（2）现场访问和交谈

1）随机找人交谈和询问。

2）耐心倾听实验人员反映的危险和有害因素。

3）通过交谈和访问了解各级管理人员及实验人员的安全观念、安全意识状况。

4）注意交谈时应礼貌、自然、和谐、耐心。

4. 编写危险源识别结果分析

通过检查实验室的危险源，对检测使用的化学品安全技术说明书和物品清单、标识和标签、使用环境等环节存在的危险和有害因素进行识别，提出相应的意见和建议。

四、实训测评

按表 2-4-4 所列实训评分标准进行测评，并做好记录。

表 2-4-4　　实训评分标准

序号	考核内容	考核标准	配分	得分
1	化学品种类的识别	口述检测中使用的化学品名称，缺一项扣 0.5 分	3	
2	化学品安全技术说明书和物品清单的检查	现场检查化学品安全技术说明书和物品清单，缺一项扣 0.5 分	3	
3	标识和标签的检查	现场检查试剂的标识和标签，缺失或错误的，每项扣 0.5 分	3	
4	使用环境的检查	现场检查试剂使用环境，发现违反相关规定的，每项扣 0.5 分	1	
合计			10	

§2-5 实验过程中的隐患排查

学习目标

1. 能够识别实验室的隐患，会对隐患进行分类。
2. 能够掌握隐患治理流程。
3. 能够正确运用 PDCA（计划、执行、检查、处理）隐患排查工作程序开展实验室隐患排查。

事故隐患是指生产经营单位违反安全生产法律、法规、规章、标准、规程和安全生产管理制度的规定，或者因其他因素在生产经营活动中存在可能导致事故发生的物的危险状态、人的不安全行为和管理上的缺陷。

隐患排查指的是通过对作业现场的隐患进行排查，对各项隐患所导致的事故进行评价，然后在事故隐患评价的基础上来判定对策措施的优先程度，制定出降低或者消除风险的安全措施，同时记录整体过程实施结果的一系列方法。其实质就是预防事故，防止隐患失控而造成事故。

有文章曾对 2001—2013 年全国高校、研究所和企业实验室发生的 100 起典型实验室事故进行原因分析。结果表明，在这 100 起事故中，27 起是违反操作规程所致，23 起源于人员操作不慎或操作不当，29 起是设备故障或缺陷所引发，其余事故的原因包括反应失控、试剂存储不规范、实验设施不健全等。

这些成因背后有着更深层次的原因。例如，违反操作规程，有可能是实验人员缺乏安全意识导致，也有可能是实验人员的偶尔失误；反应失控，有可能是实验人员缺乏必要的安全知识，实验操作错误导致，也有可能是由实验人员的偶尔失误造成；设备故障，有可能是实验人员缺乏安全意识，没有正确使用设备导致，也有可能是仪器自身老化或其他原因所致。

一、隐患排查基础知识

1. 隐患分级与分类

(1) 隐患的定义

隐患是指隐藏在事物、环境或制度系统中，对个人或团体有害的危险因素。隐患是人的不安全行为、物的不安全状态、环境和管理的缺陷所导致的。不同于风险，风险是事物的特性，是固然存在的，而隐患是可以被发现并消除的。如果对某些潜在的风险控制不到位，就会形成隐患。

应分清“隐患”和“风险”的区别。例如，作业人员在操作机械设备时，可能出现机械伤害，这是操作机械设备的风险；作业人员在操作机械设备时，未佩戴劳动防护用品，这种状态才是隐患。

任何管理手段都不能完全消除作业的风险，而合理的管理措施是可以完全消除隐患的。因此，实验室应开展系统的事故隐患排查和治理，确定存在的事故隐患，再采取针对性的措施对其进行治理。

(2) 隐患的分类

开展隐患排查和治理的前提是隐患识别。实验过程的隐患识别是基于危险源识别的方法理论，针对不同的实验从操作、设备、环境、步骤等方面采用适当的方法进行系统的识别。

实验室事故隐患分为实验操作事故隐患（实验过程中人的不安全行为、物的不安全状态）、实验设备事故隐患（导致设备丧失预期功能或能量意外释放的人的不安全行为、物的不安全状态）、实验环境事故隐患（实验环境存在的危险和有害因素）和实验步骤事故隐患（实验步骤的异常偏差以及导致异常偏差的危险因素）。

(3) 隐患的分级

按照《安全生产事故隐患排查治理暂行规定》，隐患分为一般事故隐患和重大事故隐患。

一般事故隐患是指危害和整改难度较小，发现后能够立即整改排除的隐患。

重大事故隐患是指危害和整改难度较大，应当全部或者局部停产停业，并经过一定时间整改治理方能排除的隐患，或者因外部因素影响致使生产经营单位自身难以排除的隐患。

2. 隐患排查的工作程序和内容

(1) PDCA 循环简介

美国著名的“统计质量控制之父”沃特·阿曼德·休哈特（Walter A. Shewhart）首先引入了 PDCA 的雏形，之后戴明（Deming Wheel）将 PDCA 循环进一步完善。因此，PDCA 循环又可以称为戴明环、质量环、万能环，是质量管理中的通用基础模式。PDCA 循环具有强大的规律性和持续改进的特点，因此广泛应用于质量管理活动中。

PDCA 循环中 P、D、C、A 4 个字母分别代表的意思如下：

1）P 是 plan 的缩写，指计划的意思，这里的计划不仅包括制订活动计划，还包括确定方针和目标。

2）D 是 do 的缩写，指执行的意思，是指为了实现计划中的内容而进行具体运作。

3）C 是 check 的缩写，指检查的意思。检查的目的是总结结果和反馈意见。在执行计划过程中，明确哪些是正确的、哪些是错误的，才能找出问题。

4）A 是 action 的缩写，指处理的意思。总结的结果、反馈的意见如果不处理就等于什么也没做，因此整改与处理也是重要的环节。

“计划—执行—检查—处理”的工作循环简称 PDCA 循环。PDCA 循环广泛应用在质量管理中，不论是质量问题需要改进和解决，还是工作需要赶超同行先进水平，都可用 PDCA 循环这一科学程序。首先提出目标，制订计划；其次是执行，即采取措施来实现目标和计划；再次是检查，即检查计划是否完成，预期效果是否达到，离目标还有多远，找出存在的问题；最后是处理，即吸取经验和教训，形成制度化标准。

PDCA 循环的结果有 3 种：肯定成功的经验和正确的部分，在下次循环中进行适当推广；吸取失败的教训，以免在下次循环中重复出现；在这一轮 PDCA 循环中没有解决的问题进入下一轮的循环。

PDCA 循环同样适用于实验过程的隐患排查。PDCA 循环可改进实验室安全管理，提高隐患排查质量，而且 PDCA 循环不是一次就结束的，它是周而复始的，持续不断的循环将不断提高隐患排查质量，保障实验室持续、稳定、安全发展。

（2）隐患排查工作程序

结合 PDCA 循环，可将事故隐患排查工作分为 4 个阶段。

1）隐患排查前的准备（P）。整理排查对象信息，从实验室的实际情况出发，将实验室的基础信息（如作业活动、设备设施、作业场所情况）进行全面的整理、记录。依据危险源识别结果、行业隐患排查通用标准，编制排查项目清单。

确定隐患排查表格规范格式，针对实验室隐患排查编制规范化的格式文件，便于整理、汇总及后期的维护管理。隐患排查表至少应包括排查对象、排查内容、排查标准或依据、排查方法。

实施隐患排查前，应根据排查类型、人员数量、时间安排和季节特点，在排查项目清单中选择具有针对性的具体排查项目，作为隐患排查的内容。

根据排查表内容从方法原理、分析步骤及关键注意点、应用案例 3 个方面针对相应人员进行培训、考核。

2）识别实验室的隐患（D）。参照实验室危险源识别结果、事故隐患定义依据等内容，编制排查项目清单，对实验室实验操作、实验设备、实验步骤、实验环境存在的事故隐患进行逐一识别。事故隐患一经发现，要分析其可能造成的事故类型，并编制事故隐患清单。

①实验操作隐患识别。针对实验室的某一实验过程，结合实验安全操作规程和实验人员工作经验及技术人员的专业知识，采用工作危害分析（JHA）的方法对某一实验过程中的事故隐患开展系统全面的识别。

工作危害分析（JHA）是以工作任务为切入点来识别作业活动过程中可能存在的风险的系统方法，同时需要关注作业人员、工作任务、操作工具、工作环境在各个环节之间的关系。采用此分析方法时，需要将相应的分析对象划分为不同工序，并将其拆分为不同作业任务，再一一识别各作业任务是否存在风险，并研讨可能导致风险发生的因素即事故隐患及相应的控制手段。

②实验设备隐患识别。实验设备隐患识别可采用故障类型及影响分析（FMEA）。将设备划分为相应的部件，分别研究各个部件在系统所承载的功能丧失或不能达到其预期效果时，对人员、生产系统带来的风险。通过查阅近年来故障数据、相应技术标准，在相应技术人员的参与下，从技术缺陷（原产品技术参数、自制设备/部件存在技术问题）、质量问题、安装缺陷、磨损、劣化、老化等方面综合分析导致各类故障的因素，并依次研究相应的控制措施。

③实验步骤隐患识别。危险与可操作性研究（HAZOP）是利用系统分析方法，针对新设计或已有的生产工艺和工程意图，将工艺要素与相应引导词依次组合，审查各类工艺要素可能发生的偏差，分析各类偏差出现后可能带来的风险，从而找出对生产系统或职业健康安全带来损害的相应工艺偏差，从人员操作、工艺设计、仪表控制、设备本体等具体分析引起偏差的因素，即事故隐患，并逐步分析研究相应的控制措施，检查现有控制手段是否可以满足要求。常见的实验步骤偏离类型及相关引导词见表 2-5-1。

表 2-5-1　常见的实验步骤偏离类型及相关引导词

偏离类型	引导词	实验操作中的实例
否定	无、空白	实验步骤完全未执行，如在蒸馏时蒸馏瓶内未加入玻璃珠
量的改变	多、过量	量的增多，如温度高于规定值
	少、减量	量的减少，如温度低于规定值

续表

偏离类型	引导词	实验操作中的实例
性质的改变	伴随	出现杂质，同时执行了其他的操作或步骤
	部分	只达到一部分目的，如只加入了两种试剂中的一种
替换	相反	出现与实验操作要求完全相反的事或物，如管道中的物料反向流动或发生逆反应
	异常	实验目的未实现，出现了完全不同的结果，如加入了错误的试剂
时间	早	某事件的发生较给定的时间早，如冷却或过滤
	晚	某事件的发生较给定的时间晚，如冷却或过滤
顺序或序列	先	某事件在序列中过早发生，如混合或加热
	后	某事件在序列中过晚发生，如混合或加热

④实验环境隐患识别。针对实验操作、实验设备和实验步骤隐患识别中无法识别或需要特别注意的相关危险能量，可采用能量源分析（ESA）识别实验环境中的隐患。能量源分析是根据能量意外释放理论，查找不同区域存在的各种能量物质、载体或阻止能量正常交换的物质（如河水可以引发淹溺），分析各种能量意外释放（失去控制）后可能带来的风险，查找诱发能量意外释放的相应因素，并审查在现有控制手段下能量源是否可以得到有效控制，如不可以，研讨新的控制手段并形成针对性的控制措施。

3）提出隐患治理的建议（C）。实验室应分析导致事故隐患清单中的隐患产生的原因，根据排查出的隐患类别，提出治理建议，一般应包含以下内容：

①针对排查出的每项隐患，明确治理责任单位和主要责任人。

②经排查评估后，提出初步整改或处置建议。

③根据隐患治理难易程度或严重程度，确定隐患治理期限。

4）开展隐患治理（A）。隐患治理实行分级治理、分类实施的原则。隐患治理应做到方法科学、资金到位、治理及时有效、责任到人、按时完成。能立即整改的隐患，必须立即整改；无法立即整改的隐患，治理前要研究制定防范措施，落实监控责任，防止隐患发展为事故。

二、实验过程中的隐患排查

水质营养盐指标是指能为生活饮用水、地表水、生活污水、工业废水和地下水等水中微生物、藻类、浮游生物提供氮、磷等营养成分的指标，主要包含氨氮、亚硝酸盐氮、磷酸盐、总磷、总氮和硝酸盐氮等。

水质营养盐超标会引起藻类及其他浮游生物大量繁殖，导致水质恶化，鱼类及其他生物大量死亡，破坏生态平衡，给环境带来严重危害。一般由生态环境局、自来水厂、污水处理厂及企业委托的第三方检测机构对生活饮用水、地表水、生活污水、工业废水和地下水等进行水质营养盐指标的检测，判断其是否满足相关标准要求，为相关部门提供数据参考。

1. 编制排查项目清单

以水质样品营养盐指标测定中氨氮的测定为例，按照《水质　氨氮的测定　纳氏试剂分光光度法》（HT 535—2009）确定隐患排查项目。

（1）实验操作隐患排查

1）样品采集与保存。水样采集在聚乙烯瓶或玻璃瓶内，要尽快分析。如需保存，应加硫酸使水样酸化至 pH<2，2~5 ℃下可保存 7 天。

2）样品的预处理，具体操作如下：

①去除余氯。若样品中存在余氯，可加入适量的硫代硫酸钠溶液去除。每加 0. 5 mL 可去除 0. 25 mg 余氯。用淀粉碘化钾试纸检验余氯是否除尽。

②絮凝沉淀。100 mL 样品中加入 1 mL 硫酸锌溶液和 0. 1~0. 2 mL 氢氧化钠溶液，调节 pH 约为 10. 5，混匀，放置使之沉淀，取上清液分析。必要时，用经水冲洗过的中速滤纸过滤，弃去初滤液 20 mL。也可对絮凝后的样品离心处理。

③预蒸馏。将 50 mL 硼酸溶液移入接收瓶内，确保冷凝管出口在硼酸溶液液面之下。分取 250 mL 样品，移入烧瓶中，加几滴溴百里酚蓝指示剂，必要时，用氢氧化钠溶液或盐酸溶液调整 pH 至 6. 0（指示剂呈黄色）~7. 4（指示剂呈蓝色），加入 0. 25 g 轻质氧化镁及数粒玻璃珠，立即连接氮球和冷凝管。加热蒸馏，使馏出液流量约为 10 mL/min，待馏出液达 200 mL 时，停止蒸馏，加水定容至 250 mL。

3）分析步骤如下：

①绘制校准曲线。在 8 个 50 mL 比色管中，分别加入 0. 00 mL、0. 50 mL、1. 00 mL、2. 00 mL、4. 00 mL、6. 00 mL、8. 00 mL 和 10. 00 mL 氨氮标准工作溶液，其所对应的氨氮含量分别为 0. 0 μg、5. 0 μg、10. 0 μg、20. 0 μg、40. 0 μg、60. 0 μg、80. 0 μg 和 100. 0 μg，加水至标线。加入 1. 0 mL 酒石酸钾钠溶液，摇匀，再加入纳氏试剂 1. 5 mL 或 1. 0 mL，摇匀。放置 10 min 后，在波长 420 nm 下，用 20 mm 比色皿①，以水作参比，测量吸光度。以空白校正后的吸光度为纵坐标，以其对应的氨氮含量（μg）为横坐标，绘制校准曲线。

②样品测定。

a. 清洁水样：直接取 50 mL，按与校准曲线相同的步骤测量吸光度。

---

① 根据待测样品的质量浓度，也可选用 10 mm 比色皿。

b. 有悬浮物或色度干扰的水样：取经预处理的水样 50 mL（若水样中氨氮质量浓度超过 2 mg/L，可适当少取水样体积），按与校准曲线相同的步骤测量吸光度。

经蒸馏或在酸性条件下用煮沸方法预处理的水样，须加一定量氢氧化钠溶液，调节水样至中性，用水稀释至 50 mL 标线，再按与校准曲线相同的步骤测量吸光度。

4）空白实验。用水代替水样，按与样品相同的步骤进行预处理和测定。

编制实验操作隐患排查表，见表 2-5-2。

表 2-5-2　　实验操作隐患排查表

操作步骤	操作要求	事故隐患描述	控制措施
样品采集与预处理	样品采集与保存	①在江河、水池等处采集水样，存在淹溺风险 ②硫酸有腐蚀性，会引起皮肤烧伤，有严重损害眼睛的危险	①水上采样应穿戴救生衣 ②使用硫酸应在通风良好处，穿戴橡胶手套、护目镜等劳动防护用品，避免硫酸接触皮肤和进入眼睛，配备洗眼器
	样品的预处理：去除余氯	无	无
	样品的预处理：絮凝沉淀	①氢氧化钠溶液有腐蚀性，会引起皮肤烧伤，有严重损害眼睛的危险 ②过滤操作不当易导致玻璃仪器破碎，引起刺伤、割伤 ③离心操作时，转头盖未拧紧、离心机盖未闭合、转头盖飞出易造成机械伤害 ④拔插离心机电源时，若手部有水，易造成人员触电	①使用氢氧化钠溶液应在通风良好处，穿戴橡胶手套、护目镜等劳动防护用品，避免氢氧化钠溶液接触皮肤和进入眼睛，配备洗眼器 ②玻璃仪器轻拿轻放。及时清理破碎的玻璃仪器。配备碘伏、创可贴等应急药品 ③离心操作时，应将转头盖拧紧后方可关闭离心机盖，开启离心机 ④拔插离心机电源时，应保持手部干燥
	样品的预处理：预蒸馏	①氢氧化钠溶液或盐酸溶液有腐蚀性，会引起皮肤烧伤，有严重损害眼睛的危险 ②蒸馏操作时，误触碰加热面、烧瓶等高温表面，可能被烫伤 ③在蒸馏时，如果烧瓶内未加入玻璃珠，液面暴沸，高温液体喷溅，易造成烫伤	①使用氢氧化钠溶液或盐酸溶液应在通风良好处，穿戴橡胶手套、护目镜等劳动防护用品，避免氢氧化钠溶液或盐酸溶液接触皮肤和进入眼睛，配备洗眼器 ②蒸馏时仪器外表温度较高，切勿接触，防止烫伤 ③在蒸馏时，将玻璃珠置于烧瓶内，防止液面暴沸

续表

操作步骤	操作要求	事故隐患描述	控制措施
分析步骤	绘制校准曲线	①纳氏试剂为碱性腐蚀品，对皮肤、眼睛有腐蚀性 ②操作不当易导致玻璃仪器破碎，引起刺伤、割伤	①在通风良好处操作，佩戴化学护目镜、化学防护手套。工作现场禁止吸烟、进食和饮水。避免纳氏试剂接触皮肤和进入眼睛。配备洗眼器 ②玻璃仪器轻拿轻放。及时清理破碎的玻璃仪器。配备碘伏、创可贴等应急药品
	样品测定及空白实验	氢氧化钠溶液有腐蚀性，会引起皮肤烧伤，有严重损害眼睛的危险	使用氢氧化钠溶液应在通风良好处，穿戴橡胶手套、护目镜等劳动防护用品，避免氢氧化钠溶液接触皮肤和进入眼睛，配备洗眼器

（2）实验设备隐患排查

本实验使用的设备如下：

1）可见分光光度计：具 20 mm 比色皿。

2）氨氮蒸馏装置：由 500 mL 凯式烧瓶、氮球、直形冷凝管和导管组成，冷凝管末端可连接一段适当长度的滴管，使出口尖端浸入吸收液液面下。亦可使用 500 mL 蒸馏烧瓶。

编制实验设备隐患排查表（见表 2-5-3）。

表 2-5-3　　实验设备隐患排查表

设备名称	事故隐患描述	控制措施
可见分光光度计	①拔插可见分光光度计电源时，如果手部有水，易造成人员触电 ②清洗比色皿使用的石油醚高度易燃，其蒸气与空气混合能形成爆炸性混合物 ③操作不当导致比色皿破碎，易引起刺伤、割伤 ④样品遗洒到样品室，易造成设备腐蚀	①拔插电源时，应保持手部干燥 ②使用石油醚清洗比色皿时，应在通风良好处操作。穿戴合适的劳动防护用品。避免石油醚接触皮肤和进入眼睛。远离热源、火花、明火和热表面。采取措施防止静电积累 ③比色皿轻拿轻放。及时清理破碎的玻璃仪器。配备碘伏、创可贴等应急药品 ④经常擦拭样品室，以防废液对部件或光学元件的腐蚀

续表

设备名称	事故隐患描述	控制措施
氨氮蒸馏装置	①拔插电源时，如果手部有水，易造成人员触电 ②触碰加热炉热表面，易造成烫伤 ③蒸馏瓶与冷凝瓶等连接处密封不严，高温蒸气外逸，易造成烫伤 ④在蒸馏时，如果蒸馏瓶内未加入玻璃珠，液面暴沸，高温液体喷溅，易造成烫伤	①拔插电源时，应保持手部干燥 ②加热炉表面温度较高，切勿接触，防止烫伤 ③蒸馏瓶与冷凝瓶等连接处应密封牢靠 ④在蒸馏时，将玻璃珠置于烧瓶内以防止液面暴沸

(3) 实验步骤隐患排查

根据实验操作中的实验步骤，使用表 2-5-1 中的引导词，对实验步骤进行隐患排查（见表 2-5-4）。

表 2-5-4　　实验步骤隐患排查表

操作步骤	操作要求	事故隐患描述	控制措施
样品采集与预处理	样品采集与保存	无	无
	样品的预处理：去除余氯	无	无
	样品的预处理：絮凝沉淀	絮凝沉淀时，氢氧化钠溶液加入过多，碱性增强，腐蚀性增强，易引起皮肤烧伤，有严重损害眼睛的危险	加入 0.1~0.2 mL 氢氧化钠溶液，调节 pH 约为 10.5
	样品的预处理：预蒸馏	①蒸馏温度高于实验要求时，触碰加热炉热表面，易造成烫伤；导致瓶体炸裂，高温液体飞溅，烫伤实验人员 ②未打开冷水循环，高温蒸气外逸，烫伤实验人员 ③馏出液倒吸入蒸馏瓶，瓶体炸裂，高温液体飞溅，烫伤实验人员 ④在蒸馏时，蒸馏瓶内未加入玻璃珠，液面暴沸，高温液体喷溅，造成烫伤	①按实验要求温度进行预蒸馏 ②预蒸馏时应打开冷水循环 ③橡胶软管应与防倒吸装置密封连通 ④在蒸馏时，将玻璃珠置于烧瓶内以防止液面暴沸

续表

操作步骤	操作要求	事故隐患描述	控制措施
分析步骤	绘制校准曲线	①纳氏试剂为碱性腐蚀品，加入量过多，对皮肤、眼睛有腐蚀性 ②比色皿中样品加入过多，样品遗洒到样品室，易造成设备腐蚀	①加入纳氏试剂 1.5 mL 或 1.0 mL ②经常擦拭样品室，以防废液对部件或光学元件的腐蚀
	样品测定与空白实验	氢氧化钠溶液有腐蚀性，加入过多，可能引起皮肤烧伤，有严重损害眼睛的危险	使用氢氧化钠溶液应在通风良好处，穿戴橡胶手套、护目镜等劳动防护用品，避免氢氧化钠溶液接触皮肤和进入眼睛，配备洗眼器

（4）实验环境隐患排查

从通风、温度和湿度、照度、内务等方面，分析实验环境中存在的隐患，并编制实验环境隐患排查表（见表 2-5-5）。

表 2-5-5　实验环境隐患排查表

环境因素	环境要求	事故隐患描述	控制措施
通风	实验室应有良好的通风	中毒或窒息	结合考虑仪器设备散发物的毒性和数量，配备通风柜、通风罩或局部通风装置
温度和湿度	夏季的适宜温度应是 18～28 ℃，冬季为 16～20 ℃，相对湿度最好在 30%（冬季）～70%（夏季）	①当室温高于 25 ℃时，蒸馏冷水循环制冷效果会下降 ②当室温低于 0 ℃时，冷凝装置可能发生爆裂	①外接配套制冷装置或接自来水降温冷却 ②需要做好仪器的防寒保暖工作 ③必要时应装设空调
照度	照明灯具应布置合理，照度满足实验要求	易引起视觉疲劳，导致操作失误	一般实验区域照度应不小于 300 lx，称重、分析等区域照度应不小于 500 lx，仓库、储存室照度应不小于 200 lx，休息室照度应不小于 150 lx，办公、会议区域照度一般应不小于 300 lx

续表

环境因素	环境要求	事故隐患描述	控制措施
内务	应保持实验室工作区域的整洁	①消防逃生通道若有障碍物，将影响事故状态下的逃生 ②实验人员未正确佩戴劳动防护用品，可能导致伤害事故 ③酸碱性物质遗洒后未处理，会引起皮肤烧伤	①消防逃生通道应保持畅通 ②劳动防护用品应便于实验人员获得 ③保持工作台、货架和橱柜整洁

2. 组织实施与隐患治理

（1）组织实施

按照前面介绍的“隐患排查的工作程序和内容”，对照排查项目清单，逐项检查控制措施落实情况。对于控制措施未落实或落实不到位的，列入实验室事故隐患清单，分析隐患产生的原因，根据排查出的隐患类别，提出治理建议。

（2）隐患治理

隐患治理可按以下程序进行：

1）通报隐患排查信息。隐患排查结束后，由隐患排查组人员将隐患名称、存在位置、不符合状况、隐患等级、治理期限及治理建议等信息向事故隐患所处的科室进行通报。

2）下发事故隐患整改通知。对于现场不能整改的隐患，由隐患排查组向责任科室下达隐患整改通知书，责任科室责任人应在隐患整改通知书上签字确认，并负责落实隐患整改。

3）实施隐患整改治理。一般隐患治理应由责任科室立即组织现场整改；隐患排查组下达隐患整改通知书的隐患应由隐患所处责任科室负责整改治理；重大隐患应由隐患排查组向实验室有关负责人报告，实验室应组织对重大隐患进行分析，由实验室负责落实隐患整改所需资金，制定隐患整改方案和应急处置措施，并按隐患整改时限规定落实隐患整改。

4）隐患治理情况信息反馈。一般隐患治理由隐患所处责任科室负责向隐患排查组反馈治理结果。重大隐患由实验室负责向上级教育主管部门报告重大隐患治理结果。

5）组织隐患整改验收。按照“谁排查，谁验收”的原则，隐患排查科室及实验室有关部门应对隐患整改效果安排专人进行现场确认。重大隐患由实验室组织隐患治理结果验收，出具治理验收意见，形成重大隐患治理闭环管理。

6）实验室经判定或排查出重大隐患的，应制定重大隐患治理方案，并向当地主管部门报告。重大隐患治理方案应当包括重大隐患的危害、治理的方法和保障措施、治理经费和物资保障、负责治理的科室和人员、治理时限和过程控制、应急处置保障措施等内容。

重大隐患治理完成后，由实验室组织对隐患治理结果检查验收，出具重大隐患治理验收意见，报上级主管部门。

7）实验室应建立隐患排查治理台账，统计分析隐患排查和治理情况。

思考与练习

一、判断题

1. 隐患排查的实质就是预防事故，防止隐患失控而造成事故。（　）

2. 设备故障有可能是实验人员缺乏安全意识，没有正确使用设备导致，也有可能是仪器自身老化或其他原因所致。（　）

3. 隐患是可以被发现并消除的。（　）

4. PDCA 循环不是一次就结束的，它是周而复始的，持续不断的循环将不断提高隐患排查质量，保障实验室持续、稳定、安全发展。（　）

5. 依据危险源辨识结果、行业隐患排查通用标准，编制隐患排查项目清单。（　）

6. 实验设备隐患识别可采用故障类型及影响分析（FMEA），将设备划分为相应的部件，分别研究各个部件在系统所承载的功能丧失或不能达到其预期效果时，对人员、生产系统带来的风险。（　）

7. 隐患治理应做到方法科学、资金到位、治理及时有效、责任到人、按时完成。（　）

8. 在江河、水池等处采集水样，存在淹溺风险。（　）

9. 过滤操作不当导致玻璃仪器破碎，易引起刺伤、割伤。（　）

10. 氢氧化钠溶液或盐酸溶液有腐蚀性，会引起皮肤烧伤，有严重损害眼睛的危险。（　）

二、单项选择题

1. 关于 PDCA 循环，科学的程序是（　）。

A. 计划—执行—检查—处理　　B. 检查—计划—执行—处理

C. 计划—执行—处理—检查　　D. 检查—计划—处理—执行

2. 实验环境隐患识别可采用（　　）方法。

A. 工作危害分析（JHA）　　B. 故障类型及影响分析（FMEA）

C. 危险与可操作性研究（HAZOP）　　D. 能量源分析（ESA）

3. 纳氏试剂为碱性腐蚀品，对皮肤、眼睛有腐蚀性，可以采取的控制措施不包括（　　）。

A. 在通风良好处进行操作　　B. 佩戴化学护目镜、化学防护手套

C. 玻璃仪器轻拿轻放　　D. 配备洗眼器

4. 氢氧化钠溶液有腐蚀性，会引起皮肤烧伤，有严重损害眼睛的危险，可采取的控制措施不包括（　　）。

A. 在通风良好处进行操作

B. 穿戴隔热手套、护目镜等劳动防护用品

C. 避免氢氧化钠溶液接触皮肤和进入眼睛

D. 配备洗眼器

5. 拔插可见分光光度计电源时，如果手部有水，易造成人员触电，可采取的控制措施包括（　　）。

A. 在通风良好处进行操作

B. 穿戴隔热手套、护目镜等劳动防护用品

C. 比色皿轻拿轻放，及时清理破碎的玻璃仪器

D. 拔插电源时，应保持手部干燥

6. 当室温低于 0 ℃时，冷凝装置可能发生爆裂。下列控制措施有效的是（　　）。

A. 做好仪器的防寒保暖工作

B. 消防逃生通道应保持畅通

C. 保持工作台、货架和橱柜整洁

D. 在蒸馏时，将玻璃珠置于烧瓶内以防止液面暴沸

7. 隐患治理流程可按（　　）程序进行。

a. 通报隐患排查信息

b. 下发事故隐患整改通知

c. 实施隐患整改治理

d. 隐患治理情况信息反馈

e. 组织隐患整改验收

A. abcde　　B. bcdab　　C. cdabe　　D. cdabe

8. 实施隐患排查前，应根据（　　）选择隐患排查项目。

A. 排查类型、人员数量、时间安排和方法原理

B. 分析步骤、人员数量、时间安排和方法原理

C. 分析步骤、排查类型、时间安排和方法原理

D. 排查类型、人员数量、时间安排和季节特点

9. （　　）又称戴明环。

A. PDCA 循环　　B. PDCA　　C. CAPD 循环　　D. DDCA

三、多项选择题

1. 事故隐患是指生产经营单位违反安全生产法律、法规、规章、标准、规程和安全生产管理制度的规定，或者因其他因素在生产经营活动中存在可能导致事故发生的（　　）。

A. 物的危险状态　　B. 人的不安全行为

C. 管理上的缺陷　　D. 法律法规的不健全

2. 实验室事故隐患分为（　　）。

A. 实验操作事故隐患（实验过程中人的不安全行为、物的不安全状态）

B. 实验设备事故隐患（导致设备丧失预期功能或能量意外释放的人的不安全行为、物的不安全状态）

C. 实验环境事故隐患（实验环境中存在的危险和有害因素）

D. 实验步骤事故隐患（实验步骤的异常偏差以及导致异常偏差的危险因素）

3. PDCA 循环的结果有（　　）。

A. 肯定成功的经验，在下次循环中进行适当推广

B. 肯定正确的部分，在下次循环中进行适当推广

C. 吸取失败的教训，以免下次循环重复出现

D. 在这一轮 PDCA 循环中没有解决的问题进入下一轮的循环

4. 隐患排查表至少应包括（　　）。

A. 排查对象　　B. 排查内容

C. 排查标准或依据　　D. 排查方法

5. 实验室应查找事故隐患清单中列出的隐患产生的原因，根据排查出的隐患类别，提出治理建议，一般应包含（　　）。

A. 针对排查出的每项隐患，明确治理责任单位和主要责任人

B. 经排查评估后，提出初步整改或处置建议

C. 据隐患治理难易程度或严重程度，确定隐患治理期限

D. 审查在现有控制手段下能量源是否可以得到有效控制，如不可以，研讨新的控制手段并形成针对性的控制措施。

四、名词解释

1. 隐患排查

2. 工作危害分析（JHA）

3. 水质营养盐指标

五、填空题

1. 按照《安全生产事故隐患排查治理暂行规定》，隐患分为（　　　　）和（　　　　）。

2. 隐患治理实行（　　　　　　　　）、（　　　　　　　　）的原则。

实训 2-5 正确运用 PDCA 隐患排查工作程序开展实验室隐患排查

一、实训目的

1. 掌握隐患排查的操作步骤。

2. 正确运用 PDCA 隐患排查工作程序开展实验室隐患排查。

二、排查准备

隐患排查前需要准备好工作任务分析表，认真阅读任务单、采样计划及检测流程。

（1）成立排查小组

排查以头脑风暴的方式进行，排查小组由检测任务负责人、安全管理员和操作人员组成。

（2）排查的目的

以头脑风暴的方式，依据任务单、采样计划及检测流程、相关试剂的化学品安全技术说明书和设备，以及排查小组的理论、经验储备，全方位、定性找出实验全过程可能存在的隐患，从而优化实验操作、实验设备、实验步骤和实验环境，提高实验过程安全性，减少事故发生概率和减轻事故后果。

三、实训内容与步骤

以水质有机污染类别指标测定为例，使用 PDCA 隐患排查工作程序排查实验过程中的隐患。

1. 收集评价对象的有关数据资料

（1）使用试剂

硫酸、甲醇、甲醛、氯仿、盐酸、硫酸汞、硝酸银、硫酸亚铁、碘化钾、乙醚、苯酚、氨水、磷酸、氢氧化钠、4-氨基安替比林、铁氰化钾、溴酸钾、溴化钾、甲基橙、四氯乙烯、正十六烷、异辛烷、苯、无水硫酸钠、硅酸镁、重铬酸钾标准物质、硫酸银、硫酸亚铁铵、酚酞、直链烷基苯磺酸钠标准物质、亚甲蓝等。

（2）使用设备

采样器具、紫外可见分光光度计、红外分光光度计（红外测油仪）、化学需氧量

（COD）自动消解回流仪、蒸馏装置等。

（3）检测过程

检测过程依据《水质　化学需氧量的测定　重铬酸盐法》（HJ 828—2017）、《水质　阴离子表面活性剂的测定　亚甲蓝分光光度法》（GB 7494—1987）、《水质　石油类和动植物油类的测定　红外分光光度法》（HJ 637—2018）、《水质　挥发酚的测定　4-氨基安替比林分光光度法》（HJ 503—2009）等标准。

2. 选择或编制隐患排查表

（1）根据检查的类型和形式选择实验室备用的隐患排查表。

（2）对于不完全适用的隐患排查表，可进行适当的修订。

（3）实验室没有可选用的隐患排查表时，可根据实际情况仿照其格式自行编制配套的隐患排查表。

水质有机污染类别指标测定实验隐患排查表见表 2-5-6 至表 2-5-9。

表 2-5-6　水质有机污染类别指标测定实验操作隐患排查表

操作步骤	操作要求	事故隐患描述	控制措施	控制措施落实情况（是/否）

表 2-5-7　水质有机污染类别指标测定实验设备隐患排查表

设备名称	事故隐患描述	控制措施	控制措施落实情况（是/否）

表 2-5-8　水质有机污染类别指标测定实验步骤隐患排查表

操作步骤	操作要求	事故隐患描述	控制措施	控制措施落实情况（是/否）

表 2-5-9　　水质有机污染类别指标测定实验环境隐患排查表

环境因素	环境要求	事故隐患描述	控制措施	控制措施落实情况（是/否）

3. 现场隐患排查

（1）现场排查

1）各排查人员依据隐患排查表内容进行排查。

2）排查人员要公平、公正、客观地对待问题。

3）各排查人员如实记录检查结果。

（2）现场访问和交谈

1）随机找人交谈和询问。

2）耐心倾听实验人员反映的安全隐患。

3）通过交谈和访问了解各级管理人员及实验人员的安全观念、安全意识状况。

4）注意交谈时应礼貌、自然、和谐、耐心。

4. 编写隐患排查结果分析

通过排查事故隐患，列出事故隐患清单，分析隐患产生的原因，根据排查出的隐患类别，提出治理建议。

四、实训测评

按表 2-5-10 所列实训评分标准进行测评，并做好记录。

表 2-5-10　　实训评分标准

序号	考核内容	考核标准	配分	得分
1	实验操作隐患排查	实验操作事故隐患描述、控制措施分析不全面、不准确的，现场存在的隐患未排查出的，每项扣 0.5 分	3	
2	实验设备隐患排查	实验设备事故隐患描述、控制措施分析不全面、不准确的，现场存在的隐患未排查出的，每项扣 0.5 分	3	

续表

序号	考核内容	考核标准	配分	得分
3	实验步骤隐患排查	实验步骤隐事故隐患描述、控制措施分析不全面、不准确的，现场存在的隐患未排查出的，每项扣0.5分	2	
4	实验环境隐患排查	实验环境隐事故隐患描述、控制措施分析不全面、不准确的，现场存在的隐患未排查出的，每项扣0.5分	2	
合计			10	

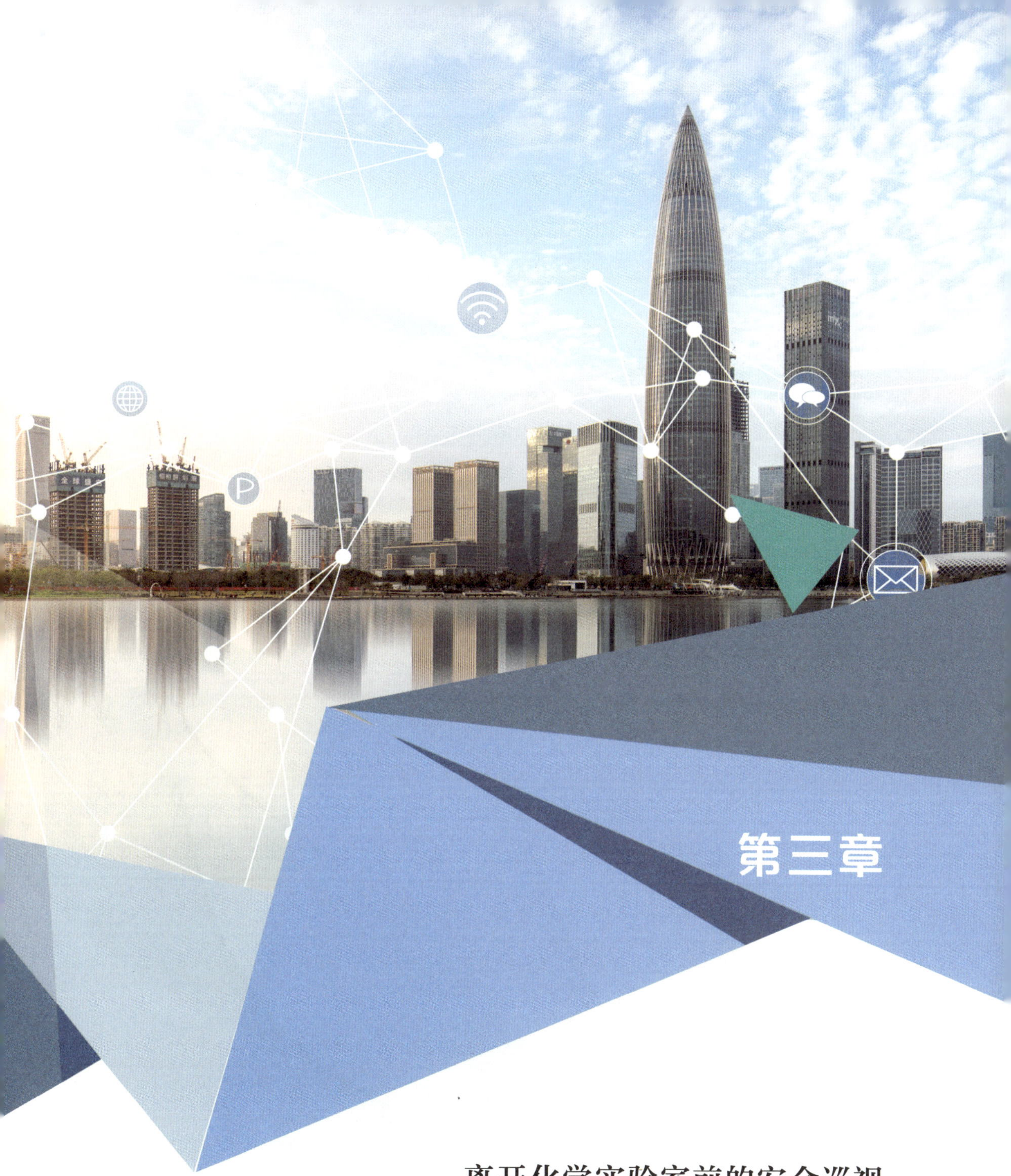

第三章

离开化学实验室前的安全巡视

§3-1 实验室废弃物的处理

学习目标

1. 能够对实验室废弃物进行分类收集。
2. 掌握废弃物的储存要求和清运措施。
3. 能够对不同形态的固体废弃物进行处理。

化学实验过程中产生的废弃物多是有毒有害的物质，有些甚至是剧毒物或强致癌物，其任意排放不仅污染环境，破坏生态平衡，威胁人类健康，而且有悖于可持续发展的绿色化学思想。随着人们环保意识的不断增强，可持续发展的绿色化学教育已成为现阶段我国化学教育的重要组成部分。

实验室废弃物的处理应本着分类收集、原位处理、以废治废和降低成本的原则，在处理的同时，将有用物质回收，做到废物利用，变废为宝。在这方面，美国、德国等发达国家起步较早，已形成一套卓有成效的管理体系：从管理源头上对实验室废弃物进行严格分类收集，在此基础上优先考虑综合利用；无综合利用价值的，在实验室内部集中自行处理处置；无法自行处理处置的，委托专业危废处置单位进行科学处置，最大限度地减少实验室废弃物对环境造成的不良影响。

实验室废弃物是指在实验室日常研究、实验和生活中产生的，已失去使用价值的气态、固态、半固态及盛装在容器内的液态物品。严格对实验室废弃物进行分类和收集是处理实验室废弃物的前提条件，也是国家法律和法规的要求。

一、实验室废弃物的分类收集

1. 实验室废弃物的分类

实验室废弃物种类繁多，有的主要是酸碱废液，有的包含大量溶剂，应该根据实验室实验的特点，结合法律、法规和国家标准对实验室废弃物进行分类收集。根据《实验室废弃化学品收集技术规范》（GB/T 31190—2014），实验室废弃化学品分类见表 3-1-1。

表 3-1-1 实验室废弃化学品分类

序号	类别	说明
1	优先控制的实验室废弃化学品	指以下实验室废弃化学品：镉、铅、汞、三氯苯、四氯苯、三氯苯酚、溴苯醚、苊、苊烯、蒽、苯并芘、氧芴、二噁英/呋喃、硫丹、氰、七氯、环氧七氯、六氯苯、六氯丁二烯、六氯环己烷、六氯乙烷、甲氧氯、卫生球、多环芳香类化合物、二甲戊乐灵、五氯苯、五氯硝基苯、五氯苯酚、菲、芘、氟乐灵、多氯联苯
2	实验过程中产生的废弃化学品	指在教学、科研、分析检测等实验室活动中产生的实验室废弃化学品，其具体分类要求见表 3-1-2
3	过期、失效或剩余的实验室废弃化学品	指未经使用的报废试剂等
4	盛装过化学品的空容器	指盛装过试剂、药剂的空瓶或其他容器，无明显残留物
5	沾染化学品的实验耗材等废弃物	指实验过程中被污染的实验耗材等

实验室废弃化学品种类繁多，其中以实验过程中产生的废弃化学品居多，具体分类见表 3-1-2。

表 3-1-2 实验过程中产生的废弃化学品分类

序号	类别	序号	类别
1	无机浓酸溶液及其相关化合物	11	还原性水溶液及其相关化合物
2	无机浓碱溶液及其相关化合物	12	有毒重金属及其混合物
3	有机酸	13	毒性物质、除草剂、杀虫剂和致癌物质
4	有机碱	14	氰化物
5	可燃性非卤代有机溶剂及其相关化合物	15	石棉或含石棉的废弃化学品
6	可燃性卤代有机溶剂及其相关化合物	16	自燃物质
7	不燃非卤代有机溶剂及其相关化合物	17	遇水反应的物质
8	不燃卤代有机溶剂及其相关化合物	18	爆炸性物质
9	无机氧化剂及过氧化物	19	不明废弃化学品
10	有机氧化剂及过氧化物		

2. 实验室废弃物的收集

实验室废弃物的收集有以下 4 种方法：

（1）分类收集法：按废弃物的性质和状态不同，分门别类收集。

（2）按量收集法：根据实验过程中产生废弃物量的多少或浓度高低予以收集。

（3）相似归类收集法：性质或处理方式、方法等相似的废弃物应收集在一起。

（4）单独收集法：危险废弃物应单独收集处理。

通常，实验室废弃物收集方法见表 3-1-3。

表 3-1-3　　实验室废弃物收集方法

类别	方法
放射性有害废弃物	放射性有害废弃物应依材质分类收集在有辐射警示标志的包装袋中，包装或容器上注明有害废弃物的类别、表面辐射暴露强度、经手人及日期。高剂量放射性有害废弃物放置处应有适当屏蔽。放射性有害废弃物的处置按《放射性废物安全管理条例》相关规定进行
实验室废液	实验室废液应依照分类置于储存桶内。废液储存容器根据容器材质与废液互溶性，分为无机废液储存容器和有机废液储存容器。无机废液储存容器应为塑料材质，有机废液储存容器应为不锈钢材质
实验室废气	实验中产生少量有毒气体的操作应在通风柜中进行，通过排风设备将少量毒气排到室外。必要时可将废气进行技术处理，再按规定排放
实验室固体有害废弃物	实验室固体有害废弃物应分别置于腐蚀性容器和非腐蚀性容器中储存，锐器（包括针头、小刀、金属和玻璃等）应直接弃置于耐扎的容器内

实验室对危险废弃物分类收集过程中的风险控制，最关键的就是要考虑不同物质之间的相容性（是否发生反应），尤其是废液的混合收集。若对实验室废弃化学品进行混合收集，收集之前应明确废弃化学品的成分，根据废弃化学品相容性表及化学品安全技术说明书的有关安全数据进行收集，并如实进行标识。不明成分的实验室废弃化学品严禁与其他废弃化学品混合收集，表 3-1-4 为部分不相容的危险废弃物。

表 3-1-4　　部分不相容的危险废弃物

不相容危险废弃物		混合时会发生的危险
甲	乙	
氰化物	酸类（非氧化剂）	产生氰化氢，吸入少量可能会致命
次氯酸盐	酸类（非氧化剂）	产生氯气，吸入可能会致命
铜、铬及多种重金属	酸类（氧化剂），如硝酸	产生二氧化氮、亚硝酸盐，刺激眼睛及烧伤皮肤

续表

不相容危险废弃物		混合时会发生的危险
甲	乙	
强酸	强碱	可能引起爆炸性的反应及产生热能
铵盐	强碱	产生氨气，吸入会刺激眼睛及呼吸道
氧化剂	还原剂	可能引起强烈及爆炸性的反应，产生热能

二、实验室废弃物的储存与清运

在实验室废弃物管理中，由于历史原因，各实验室的包装容器混乱问题比较突出，主要体现在容器材质、尺寸、颜色、外形等方面缺乏统一性。部分容器选择的材质不合理，不满足化学相容性要求。处置单位为保障收集、运输、储存安全，应结合实验室废弃物的性质，综合考虑包装容器的安全性、易操作性、经济性，选取合适的包装容器，如图 3-1-1 所示。

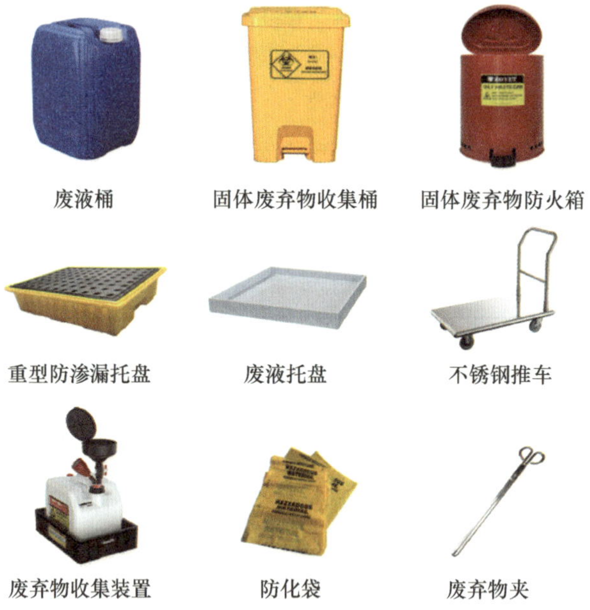

图 3-1-1　包装容器

1. 实验室废弃物的储存

(1) 实验室废液储存

实验室各类废液按上述要求分类后，装入统一规格的 25 L 耐强酸和强碱的加厚高密度聚乙烯桶中，废液面距桶口至少 10 cm，以防溢出。废液装入废液桶后，应注明废弃化学品种类，编制安全标签，安全标签应做好防腐蚀措施，并粘贴于废液桶远离开口面的位置，同时详细填写实验室废弃化学品收集记录表（见表 3-1-5）。

表 3-1-5　　实验室废弃化学品收集记录表

<table>
<tr><td>废弃化学品
类别/名称</td><td colspan="3">类别：
名称：
成分：</td></tr>
<tr><td>产品、收集者
信息</td><td colspan="3">单位名称：　　实验室名称：　　地址/位置：
产生者：　　收集者：　　联系电话：</td></tr>
<tr><td>包装/容器</td><td>□25 L 小口塑料瓶
□50 L 大口塑料瓶
□其他______</td><td>容器编号</td><td>编号：
颜色：</td></tr>
<tr><td>储存地点</td><td colspan="3">区域：□SAA　□WAA　地址/位置：</td></tr>
<tr><td>废弃化学品
来源</td><td colspan="3">（由什么实验、检测项目产生，含有什么成分）</td></tr>
<tr><td>废弃化学品
物理状态</td><td colspan="3">□固　□液　□固/液　□气　□其他____颜色______</td></tr>
<tr><td>危险性类别</td><td colspan="3">□易燃易爆　□氧化剂　□遇水、空气反应　□毒性　□腐蚀性　□其他____</td></tr>
<tr><td>储存时间</td><td colspan="3">□SAA　初次储存时间：　年　月　日
□WAA　初次储存时间：　年　月　日
□混合收集时间表（附每次数量）：可另附</td></tr>
<tr><td>数量（合计）</td><td colspan="3">瓶____升（L）____毫升（mL）____克（g）____千克（kg）____</td></tr>
<tr><td>其他说明资料</td><td colspan="3">□相容性　□MSDS　□预处理方法　□处理处置资料　□其他______</td></tr>
<tr><td>移交处理部门
时间</td><td colspan="3"></td></tr>
<tr><td>备注</td><td colspan="3"></td></tr>
<tr><td>负责人/
管理员签字</td><td colspan="3"></td></tr>
</table>

实验室废弃化学品收集记录表填表说明如下：

1）化学品名称应填写全称，不应单独使用分子式或缩写。

2）应填报全部已知成分的化学品名称和含量。

3）如为混合物，请特别说明，并填报每种成分的浓度或体积分数。

4）储存地点中，SAA 指卫星式存储区，WAA 指集中存储区。

5）记录表中废弃化学品来源应尽可能详尽。

（2）瓶装试剂药品或实验室一般固体废弃物储存

瓶装试剂药品或实验室一般固体废弃物按同一类别性质置于 25 L 广口塑料圆桶中，带盖密封，塑料桶外张贴分类标签，最后将密封好的 25 L 塑料桶置于定制的塑料卡板箱中，塑料卡板箱带盖封装严实。

（3）废弃试剂空瓶储存

废弃试剂空瓶用纸箱或包装袋整齐装好，包装外张贴分类标签，然后将纸箱或包装袋置于塑料卡板箱中，塑料卡板箱带盖封装严实。试剂空瓶中不得含有固体或液体化学品。

（4）未知废液或未知瓶装试剂药品储存

未知废液或未知瓶装试剂药品应单独包装，按照高危化学品的管理规定执行管理流程。

常见实验室废弃化学品储存要求见表 3-1-6。

表 3-1-6　　常见实验室废弃化学品储存要求

类别	内容
酸类废弃化学品	应远离活泼金属（如钠、钾、镁等）、接触后即产生有毒气体的物质（如氰化物、硫化物等）
碱类废弃化学品	应远离酸及性质活泼的化学品
易燃废弃化学品	宜置于暗冷处并远离有氧化作用的酸及能产生火花、火焰的物质，且其存量不可太多
氧化剂类废弃化学品	该类化学品如过氧化物、氧化铜、氧化银、氧化汞、含氧酸及其盐类、高氧化价的金属离子等应放在暗冷处，并远离还原剂（如锌、碱金属、碱土金属、金属氢化物、低氧化价的金属离子、甲酸、醛、草酸等）
遇水易反应的废弃化学品	应存放在干冷处并远离水
遇空气易反应的废弃化学品	应采取隔绝空气（如水封、油封或充惰性气体隔离）的措施并密封
遇光易变化的废弃化学品	应存放在深色瓶中，避免阳光照射
可变成过氧化物的废弃化学品	应存放在深色瓶中并密封
有机废弃化学品	多为易挥发的液体，易燃且有毒性，应存放在药柜最底层且通风良好，谨防地震时倾倒摔裂

（5）实验室废弃物储存的注意事项

1）实验室废弃化学品应使用密闭式容器收集储存，储存容器应与实验室废弃化学品具有相容性，一般为高密度聚乙烯桶（HDPE 桶）。若废弃化学品与 HDPE 桶不相容，则使用不锈钢桶或其他相容性容器。

2）当实验室废弃化学品装至储存容器容量的 3/4 时，应及时申请清运、处理。

3）实验室废弃化学品储存容器中若有多种相容的废弃化学品混合储存，每次向容器中放入废弃化学品时，均应登记废弃化学品名称、数量、时间等，并附实验室废弃化学品收集记录表。

4）实验室废弃化学品被错误放置到容器中后，不应通过取出废弃化学品来改正分类错误，也不应随意转移到另一容器中，应按混合废弃化学品收集。

5）储存容器应保持良好情况，如有严重生锈、损坏或泄漏，应立即更换。

6）实验室废弃化学品不可置于收集生活废弃物的垃圾桶内。

7）报废的高浓度废弃化学品使用原容器暂存。

8）剧毒类废弃化学品（如氰化物、氧化砷）按照剧毒类化学品储存和管理。

9）重金属（如镉、汞）含量较高的实验室废弃化学品应单独收集，不得与其他废弃化学品混合。

10）实验室产生的大量废气应优先考虑综合利用或预处理后减少危险。

2. 实验室废弃物的清运

实验室废弃物应分类储存在规划管辖区域内的储存容器中。单位根据指定收集点的废弃物累积情况，联系外部合法单位处理，并事先规划清运频率、清运时间及清运路线。清运车辆必须为清运厂商自有，应有防止飞散、溅落、溢漏、恶臭扩散等措施。可回收垃圾于垃圾房打包处理，再由废料承包商处理；不可回收的危险废弃物应由专业及认可的承包商回收处理，避免对环境构成危险（爆炸）和破坏（污染）。处理危险废弃物时要使用防泄漏工具及劳动防护用品。废弃物清运时，应防范收集袋和储存容器破裂。废弃物清除后，应将储存容器归位、排列整齐。实验室管理人员应不定期追踪危险废弃物的清理流向，并到处理场所实地了解并记录，以确保废弃物依规定清理。未经许可，严禁任意倾倒或自行焚烧废弃物。

三、实验室废弃物的处理

实验室涉及的危险废弃物总量少，种类多，有毒有害成分复杂而且浓度高，危险性也极强，收集、运输和处置过程风险极高，需要运用多种处置方法才能消除其危害性，处置不当极易造成环境污染事故和生产安全事故。实验室废弃物按照其存在的状态可以分为固体废弃物、废液和废气。

1. 固体废弃物的处理

固体废弃物多为固体实验生成物，包括某些原材料以及废纸、火柴梗、破损的玻璃仪器等杂物，其处理方法如下：

（1）集中收集法

实验中产生的废纸、火柴梗、破损玻璃仪器等杂物，不能随便丢放，应在指定的地方收集，统一倒掉。

（2）回收法

实验中的生成物需要回收的要统一回收，根据回收物的化学特性，回收后统一处理，再作使用。有的贵重金属，特别是有毒的物质，不允许随便丢弃，应按要求回收。例如，在金属钠与汞反应制备钠汞齐的实验中，钠汞齐与水反应之后，汞被还原出来。实验后，应将汞回收倒入指定的容器内。有的贵重金属在实验生成物中，能够回收的一定要回收。例如，银镜反应中所生成的银，用 6 mol/L HNO_3 溶液溶解之后可将银回收。有的实验残留物，该回收的也不能随便倒掉。例如，锌与硝酸的反应、铜与硝酸的反应，反应后残留的锌粒、铜片应按要求回收。

（3）化学处理法

有毒害的原材料在取用过程中掉在实验台上时，应立即用化学方法进行处理。

2. 废液的处理

废液应根据其化学特性选择合适的容器和存放地点，密闭存放，禁止混合储存。容器要防渗漏，防止挥发性气体逸出而污染环境。容器标签必须标明废弃物种类和储存时间。存放地点要有良好通风且储存时间不宜太长，储存数量不宜太多。剧毒、易燃、易爆药品的废液，其储存应按危险化学品管理规定办理。一般废液可通过酸碱中和、混凝沉淀、次氯酸钠氧化处理后排放。有机溶剂废液应根据其性质尽可能回收；对于某些数量较少、浓度较高，确实无法回收使用的有机废液，可采用活性炭吸附法、过氧化氢氧化法处理，或在燃烧炉中供给充分的氧气使其完全燃烧。对高浓度废酸、废碱液，要经中和至近中性（pH 为 6~9）时方可排放。

（1）含汞废液处理

先调节废液 pH 至 8~10，加入过量硫化钠，使其生成硫化汞沉淀，再加入硫酸亚铁与过量的硫化钠反应，生成的硫化亚铁沉淀将悬浮在水中，难以沉降的硫化汞微粒将吸附在硫化亚铁上而共沉淀。经分离后，清液可排放，残渣可用焙烧法回收汞或制成汞盐。

若不小心将金属汞散失在实验室里（如打碎压力计、温度计等），必须及时清除。可用滴管、毛笔或用在硝酸汞的酸性溶液中浸过的薄铜片、粗铜丝收集金属汞于烧杯中，用水覆盖。散落于地面难以收集的微小汞珠应撒上硫粉，使其转化成毒性较小的硫化汞；或喷上用浓酸酸化过的高锰酸钾溶液（每升高锰酸钾溶液中加 5 mL 浓酸），过 1~2 h 后再清除；或喷上 20%三氯化铁水溶液，干后再清除干净。三氯化铁水溶液对汞具有乳化性能，同时可将汞转化为不溶性化合物，是一种非常好的去汞剂，但金属器件（铅质除外）本身会受三氯化铁水溶液的作用而损坏，不能用这种溶液除汞。

（2）含铅、镉废液处理

镉在 pH 值高的溶液中能沉淀下来，含铅废液的处理通常采用中和沉淀法、混凝沉淀法。可用碱或石灰乳将废液 pH 值调至 8~10，使废液中的二价铅离子、二价镉离子生成氢氧化铅和氢氧化镉沉淀，加入硫酸亚铁作为共沉淀剂，沉淀物可与其他无机物混合进行烧结处理，清液可排放。

（3）含铬废液处理

铬酸洗液经多次使用后，四价铬逐渐被还原为三价铬离子，同时洗液被稀释，酸度降低，氧化能力逐渐降低至不能使用。可在 110~130 ℃下不断搅拌含铬废液，加热浓缩除去水分，冷却至室温后边搅拌边缓缓加入高锰酸钾粉末，直至溶液呈深褐色或微紫色（1 L 废液加入约 10 g 高锰酸钾），再加热至有二氧化锰沉淀出现，稍冷，用玻璃砂芯漏斗过滤，除去二氧化锰沉淀后即可使用。

（4）含砷废液处理

在含砷废液中加入氧化钙，调节并控制废液 pH 值为 8，生成砷酸钙和亚砷酸钙沉淀，有三价铁离子存在时可起共沉淀作用。也可将含砷废液 pH 值调至 10 以上，加入硫化钠，与砷反应生成难溶、低毒的硫化物沉淀。能产生少量含砷气体的实验应该在通风橱中进行，使毒害气体及时排出室外。

（5）含氰废液处理

对于低浓度的氰化物废液，可加入氢氧化钠调节 pH 值为 10 以上，再加入高锰酸钾粉末（约 3%），使氰化物氧化分解。如果氰化物浓度较高，先用碱调节废液 pH 值为 10 以上，加入次氯酸钠或漂白粉，经充分搅拌，氰化物被氧化分解为二氧化碳和氮气，放置 24 h 排放。应特别注意，含氰化物的废液切勿随意乱倒或与酸混合，否则可能生成挥发性的氰化氢气体，造成中毒事故。

（6）含苯废液处理

含苯废液可回收利用，也可采用焚烧法处理。对于少量的含苯废液，可将其置于铁器内，放到室外空旷地方点燃。操作者必须站在上风向，持长棒点燃，并监视至完全燃尽为止。

（7）含铜废液处理

酸性含铜废液，以硫酸铜废液和氯化铜废液为常见，一般可采用硫化物沉淀法进行处理（调节 pH 值约为 6），也可用铁屑还原法回收铜。碱性含铜废液，如含铜氨腐蚀废液等，其浓度较低且含有杂质，可采用还原法处理，操作简单，效果较佳。

(8) 含酸、碱、盐类废液处理

将酸、碱废液分别收集，查明酸、碱废液互相混合没有危险时，可分次少量将其中一种废液加入另一种废液中，将其互相中和，并用 pH 试纸检验。当溶液的 pH 值约等于 7 时，用水稀释，使溶液浓度降到 5%以下后排放。对酸、碱的稀溶液，用大量水将其稀释到 1%以下即可排放。

(9) 黄磷、磷化氢、卤氧化磷、卤化磷、硫化磷等废液处理

在碱性情况下，可用过氧化氢将其氧化后，作为磷酸盐废液处理。对缩聚磷酸盐的废液，用硫酸酸化，然后将其煮沸 2~3 h 进行水解处理。互不作用的盐类废液可用铁粉处理，调节废液 pH 值为 3~4，加入铁粉，搅拌 30 min，用碱调 pH 值至 9 左右，继续搅拌 10 min，加高分子混凝剂进行混凝沉淀，清液可排放，沉淀物按废渣处理。

(10) 含氧化剂、还原剂废液处理

查明各氧化剂和还原剂，如果将其混合没有危险性，可一边搅拌，一边将其中一种废液分次少量加入另一种废液中，使之反应。取出少量反应液，调成酸性，用淀粉碘化钾试纸进行检验。试纸变蓝时，氧化剂过量，可调整 pH 值至 3，加入亚硫酸钠溶液，至试纸不变颜色为止，充分搅拌，然后放置一夜；如果试纸不变色，还原剂过量，可调整 pH 值至 3，加入过氧化氢使试纸刚刚变色为止，然后加入少量亚硫酸钠，放置一夜。用碱将处理过的废液中和至 pH 值为 7，并使其含盐浓度在 5%以下才可排放。

3. 废气的处理

实验室废气处理主要是针对实验室产生的废气如粉尘颗粒物、烟气烟尘、异味气体、有毒有害气体进行治理的一种净化手段。所有产生废气的实验必须备有吸收或处理装置。例如，二氧化氮、二氧化硫、氯气、硫化氢、氟化氢等可用导管通入碱液中使其大部分被吸收后排出；在反应、加热、蒸馏中，对于不能冷凝的气体，可在排入通风橱之前进行吸收或其他处理，以免污染空气。选用废气处理方法时，应根据具体情况优先选用费用低、耗能少、无二次污染的方法，尽量做到化害为利，充分回收利用成分和余热。常见的废气处理方法包括以下几种：

(1) 溶液吸附法

溶液吸附法是指用适当的液体吸收剂处理混合物，除去其中有害气体的方法。常用的液体吸收剂有水、碱性溶液、酸性溶液、氧化剂溶液和有机溶液，它们可用于净化含有二氧化硫、氯气、氟化氢、四氟化硅、氯化氢、氨气、汞蒸气、酸雾、沥青烟和各种有机蒸气的废气。吸收液可用于后期的废水处理或是用作某些定性化学试剂配制的母液。

（2）固体吸收法

固体吸收法是使废气与固体吸收剂接触，使废气中的污染物（吸收质）吸附在固体表面从而被分离出来。此方法主要用于净化废气中低浓度的污染物。例如，活性炭可吸收常见的大多数无机及有机气体，硅藻土可选择性地吸收硫化氢、二氧化硫、氟化氢及汞蒸气，分子筛可选择性吸收二硫化碳、氨气、四氯化碳、硫化氢，沥青烟可用焦炭粉粒或白云石粉吸收除去。

一般来说，产生毒气量大的实验必须备有吸收或处理装置，采用溶液吸附法或固体吸收法进行处理。一氧化碳可点燃生成二氧化碳，可燃性有机废液可于燃烧炉中通氧气完全燃烧。产生少量有毒气体的实验必须在通风橱中进行，将有毒气体排到室外（使排出气在外面大量空气中稀释），避免污染室内空气。通风橱排气口应以保证对外排气不影响附近人员身心健康为原则，排气口朝向应避开教室、商店、居民点等人员密集地，并有一定高度，使之易于扩散。

总之，实验中出现的废弃物不能随便乱放，以免发生事故。

4. 减少废弃物的产生

为减少事故的发生，可从源头减少废弃物，应把握以下原则：

（1）改变实验室使用的毒性化学物质

实验人员对使用药剂的购置，很少考虑药剂对环境的污染性。实验室所排放的废弃物量，虽比其他污染源少，但排放的毒性物质对环境所造成的危害是不可忽视的。

（2）实验方法的修正

使用精密分析仪器替代传统的分析方法，尽量使用微量分析技术。

（3）药剂交换再利用

某一实验室不需要的药剂或废液对于其他实验室并非完全无用，在有效的信息交换及确定分类原则下，交换再利用是可行的处理方法。

（4）不可购置过量药剂

实验人员购置药剂时，必须对药剂量严加控制，以免造成药品的浪费，以及增加实验室产生的废弃物量。

（5）登记制度

及时登记药品种类及存量，以减少重复购置药品的机会。

（6）适量配制储备溶液

储备溶液一般按标准方法配成 1 L 或更多，但实际上仅仅使用数毫升，其余的储备溶液容易造成浪费，故可依实际用量配制。

思考与练习

一、判断题

1. 实验室产生的少量废气不可通过通风装置直接排至室外。（　）

2. 实验室所产生的废弃物由检测人员根据废弃物类别分类，分别倒于实验室指定的储存容器内收集。（　）

3. 所有装载实验室废弃物的容器应密封完好，表面清洁，标识清晰。（　）

4. 所有产生废气的实验必须备有吸收或处理装置。（　）

5. 沾有有害物质的滤纸或一次性滴管等废弃物，包好后扔入垃圾桶。（　）

6. 二氧化氮、二氧化硫、硫化氢等酸性气体用碱液吸收。（　）

7. 废液储存容器必须贴上标签，写明种类和储存时间。（　）

8. 过氧化物和有机物可一起存放。（　）

9. 当实验室废弃化学品装满储存容器容量的1/2时，应及时申请清运、处理。（　）

10. 硝酸盐可与硫酸、氯磺酸、发烟硫酸混合存放。（　）

二、单项选择题

1. 下列关于实验室废弃物处置的说法中，错误的是（　）。

A. 实验室废弃物处理和处置应符合国家或地方法规和标准的要求

B. 实验室废弃物处置应由专人负责

C. 实验室废弃物的处置应符合《医疗废物管理条例》的规定

D. 实验室废弃物的处置无须书面记录和存档

2. 下列关于实验室废弃液处理的说法中，错误的是（　）。

A. 可直接向环境排放废液

B. 未经处理不应随意向环境排放有毒、有害废液

C. 分别收集，集中预处理，将毒害降低到国家规定的范围，然后排放

D. 应配备专门的废液回收桶，将废液上交有关部门处理回收

3. 下列关于实验室废弃物处理的说法中，错误的是（　）。

A. 利器（包括针头、小刀、金属和玻璃）应直接弃置于耐扎的容器内

B. 实验室废弃物处理应符合《医疗废物管理条例》及《医疗卫生机构医疗废物管理办法》的相关规定

C. 应由经过适当培训的人员采取适当的个人防护措施处理危险废弃物

D. 已知未受污染的实验室废弃物同样按危险废弃物操作并处理

4. 以下不属于危险废弃物处理工作原则的是（　　）。

A. 分类收集　　B. 定点存放　　C. 专人管理　　D. 随意处理

5. 以下不属于各实验室师生应树立的环境保护意识的是（　　）。

A. 随意丢弃固体废弃物　　B. 不随意倾倒有毒废液

C. 不随意倾倒有害废液　　D. 不随意掩埋固体废弃物

6. 以下属于无机液体废试剂的是（　　）。

A. 去离子水　　B. 高浓度硫酸铜溶液

C. 氯化钠溶液　　D. 葡萄糖水溶液

7. 硝酸盐可以和（　　）一起存放。

A. 硫酸　　B. 氯磺酸　　C. 氯化钠溶液　　D. 发烟硫酸

8. 有些化合物可用氧化法氧化为低毒和低臭化合物，深度氧化往往可以氧化成二氧化碳和水，然后直接排放。下列不属于上述化合物的是（　　）。

A. 硫化物　　B. 氰化物　　C. 氯化钾　　D. 硫醇

9. 以下不属于实验室废弃物收集方法的是（　　）。

A. 分类收集法　　B. 按量收集法

C. 相似归类收集法　　D. 闲置法

10. 以下不属于含卤有机溶剂的是（　　）。

A. 三氯甲烷　　B. 丙三醇　　C. 氯甲烷　　D. 二氯甲烷

三、多项选择题

1. 实验室“三废”包括（　　）。

A. 废液　　B. 废气　　C. 废渣　　D. 废弃物

2. 符合实验室废弃物处理原则的是（　　）。

A. 分类收集　　B. 原位处理　　C. 以废治废　　D. 降低成本

3. 目前对实验室废弃物的前处理方法包括（　　）。

A. 回收再利用　　B. 稀释法　　C. 中和法　　D. 氧化法

4. 水可以作为（　　）的吸收剂。

A. 氯化氢　　B. 氨气　　C. 二氧化硫　　D. 一氧化氮

5. 以下属于酸气的是（　　）。

A. 氯化氢　　B. 二氧化硫　　C. 硫化氢　　D. 氰化氢

四、简答题

1. 请描述实验室废弃物的收集方法。

2. 实验室固体废弃物很多，如用过的滤纸、火柴梗、破损的玻璃仪器等杂物。请描述实验室常见固体废弃物的处理方法。

实训 3-1　正确进行实验室废弃物处理

一、实训目的

1. 能够正确对实验室废弃物进行分类。

2. 能够对实验室常见废弃物进行处理。

二、器材准备

防护服、手套、护目镜、口罩、卡片等物品。

废酸溶液（主要成分为稀硫酸）、废碱溶液（主要成分为氢氧化钠）。

三、实训内容与步骤

在实验室内开展废弃物的分类与处理技能考核。

1. 实验室废弃物的分类

准备好标有实验室常见废弃物的卡片（如针头、一次性滴管、硫酸溶液、汞溶液、铅溶液等），学生根据卡片内容进行分类。

2. 酸、碱废液的处理

准备好废酸溶液（主要成分为稀硫酸）和废碱溶液（主要成分为氢氧化钠）、pH 试纸、大烧杯等，由学生进行酸液和碱液的处理。

四、实训测评

按表 3-1-7 所列实训评分标准进行测评，并做好记录。

表 3-1-7　　实训评分标准

序号	考核内容	考核标准	配分	得分
1	实验室废弃物的分类	①能够根据废弃物的分类要求进行分类（25 分），每错一项，扣 2 分 ②根据分类情况说出分类理由（25 分），每错一项，扣 2 分	50	

续表

序号	考核内容	考核标准	配分	得分
2	酸、碱废液的处理	①能描述出酸废液和碱废液的处理方法（25 分），每错一项，扣 5 分 ②能够将酸废液和碱废液进行处理（25 分），每错一项，扣 5 分	50	
合计			100	

§3-2 实验室的清扫与整顿

学习目标

1. 了解 7S 的概念、含义和优点。
2. 能够对化学实验室进行整理、整顿、清扫。
3. 掌握 7S 管理化学实验室的方法。

一、 7S 管理的概念与含义

1. 7S 管理的概念

7S 管理是基于早期 5S 管理方式的一种升级管理方法。7S 是指在生产现场中对人员、机器、材料、方法等生产要素进行有效管理，在塑造企业形象、降低成本、准时交货、安全生产、高度标准化、创造令人心旷神怡的工作场所、现场改善等方面发挥巨大作用。

5S 管理起源于日本，即整理、整顿、清扫、清洁、素养。在罗马文拼写中，整理（seiri）、整顿（seiton）、清扫（seiso）、清洁（seiketsu）、素养（shitsuke）的第一个字母都为 s，所以称为 5S。近年来，随着人们对这一活动认识的不断深入，有人又添加了“安全（safety）”“节约（save）”等内容，分别称为 6S、7S 管理。

化学实验室中 7S 管理模式是通过规范现场、物品，营造安全、有效、干净的学习环境，培养师生良好的工作习惯。化学实验室实行 7S 管理，主要有以下几个方面的好处：

1）通过对化学实验室现场区域的画线和责任划分，对实验室工作进行整理、整顿和清扫，对各种污染源头和事故隐患进行可视化管理，对现场物品进行合理分类和定置，可以为师生营造安全、舒适、整洁的化学实验室学习环境，有效提高化学实验室的安全性和舒适性。

2）通过对化学实验室现场区域、教学实训要求进行科学合理的分析和整体规划，对化学实验中使用的化学试剂、常用玻璃仪器、专用玻璃仪器、常用设备仪器进行科学合理的定置，使实训环境、仪器设备、实验原料等始终处于合理区域内，可缩减师生在教学实训中取料、找寻仪器等时间，提高工作学习效率。

3）通过对化学实验室整理、整顿和清扫的制度化、规范化，师生能够正确执行各项规章制度、操作规程，养成遵规守纪的良好习惯。规范化的要求，更能充分发挥学生的主观能动性，培养学生通过 7S 管理提高学习舒适度的意识，为化学实验室各项管理工作标准化的建立打下基础，有效推进化学实验室标准化建设。

4）从化学实验室 7S 管理过程可以得知，7S 管理通过做好安全预防措施，可减少事故发生，降低人身和财产损失成本；通过整理、整顿腾出空间，可降低空间占用后的重复建设成本；通过科学分析和整体规划，可提高工作学习效率，减少仪器、原料损耗成本等。

通过上述观点分析可以看到，7S 管理能打造出安全、有效、节约的化学实验室，能培养出认真严谨、管理科学的化学实验室管理员，能培养出充满智慧、认真做事的好学生。

2. 7S 的含义

7S 主要是指整理（seiri）、整顿（seiton）、清扫（seiso）、清洁（seiketsu）、素养（shitsuke）、安全（safety）、节约（save）。其具体含义及意图见表 3-2-1。

表 3-2-1　　7S 具体含义及意图

7S	含义	意图
整理	区分工作场所所有物品的必要性，把必要的物品与不必要的物品明确地、严格地区分开来，尽快处理掉不必要的物品	①腾出空间，提高空间使用率 ②降低物品误用，塑造有序工作场所
整顿	将必要物品按规定位置、规定数量摆放整齐，明确标识，以便在最短时间内找到要找的物品	①减少过多的积压物品 ②缩短找寻物品的时间 ③营造整齐的工作环境
清扫	保持工作岗位无垃圾、无灰尘、干净整洁的状态；将工作场所清扫干净，保持工作场所干净、明亮	①消除“脏污”，保持工作场所干净、明亮 ②提升工作品质，有益身体健康
清洁	通过管理制度化、公开化使前面的 3S（整理、整顿、清扫）可持续进行	①巩固 3S 成果 ②通过制度化来维持成果
素养	提高人员思想水准、行为水平，增强大局意识，养成按制度、规范办事的良好习惯	①提升行为能力 ②提高思想认识 ③增强综合素质

续表

7S	含义	意图
安全	消除事故隐患，排除险情，杜绝一切不安全现象，保障工作现场人员人身安全及场地安全，预防意外事故的发生	①杜绝人身伤害 ②减少经济损失
节约	对时间、空间、资源等方面整体规划、合理利用，以发挥最大效能，创造一个高效率的、物尽其用的工作场所	①养成降低成本的习惯 ②培养减少浪费的意识

3. 7S 与安全

实验室安全主要是消除实验室事故隐患，排除险情，预防安全事故发生，保障师生的人身安全，保障实验室实训的连续性，减少人员伤亡和经济损失。

实行化学实验室 7S 管理，可以对事故隐患进行防范，预防事故发生，维护人身与财产不受侵害，以创造一个零风险、无意外事故发生的工作场所为目标。实施的要点：不要因小失大，应建立、健全各项安全管理制度；对操作人员的操作技能进行训练；勿以善小而不为，勿以恶小而为之，全员参与，排除隐患，重视预防。

想一想：如何清扫实验室？

二、清扫与整顿

1. 清扫的实施步骤

7S 管理中的清扫是指把工作环境打扫干净，对出现异常的工具、设备进行维护，使之恢复正常。清扫过程是根据整理、整顿的结果，将不需要的部分清除掉，或者标示出来放在仓库之中。清扫活动的重点是必须按照工作场所具体情况决定清扫对象、清扫人员、清扫方法，准备清扫器具，实施清扫的步骤，方能真正达到效果。

实验过程中产生的灰尘、污垢、废弃物等会使实验室变得脏乱，进而影响实验室的正常实验，带来事故隐患。同时，脏乱的现场也会影响实验人员的工作学习情绪。因此，必须通过清扫活动，创建明快、舒适的环境，以保证安全、优质、高效率的工作学习。可以说，清扫本身就是日常工作的一部分，而且是所有工作岗位的工作内容。清扫可以分 5 个步骤来实施。

1）将地面、墙壁和窗户打扫干净。在作业环境的清理中，地面、墙壁和窗户的清扫是必不可少的，只要地面干净，就足以使人的心情变得很愉快。应了解过去清扫时出现的问题，明确清扫后要达到的目的。清理、整顿地面放置的物品，处理不需要的物品。全体人员用扫帚清扫地面，将附着的涂料和油污等污垢清除，清运垃圾。分析地面、墙壁、窗户的污垢来源，想办法杜绝污染源，并研究以后的清扫方法。

2）划出表示整顿位置的区域和界线。将地面、窗户等地方打扫干净以后，要将放置物品的场所明确地予以区分。对什么物品放置在什么位置，应予以确认和标识。标识时，首先要确定作业的场地、通道，然后划定区域界线。在确定消防器材、工具、备件等的位置后，应在相关物上记上相应的标记；同时对空闲区域、小件物品区域、危险和珍贵物品区域等也要设法用颜色予以区别。

3）将可能产生污染的污染源清理干净，杜绝污染。一说起清扫，人们经常想的是除去污垢而成为洁净的状态，其实，最有效的清扫是杜绝污染。污染大部分都是外来的，比如刮大风时随风而来的灰尘或砂粒对设备的危害很大。另外，在搬运散装物品时，应避免物品撒落。为杜绝外来污染，应将窗户密封，不留缝隙；在运送水和油料等液体时，要预备合适的容器；在作业现场，要检查各管道以防止泄漏。

4）对设备进行清扫、润滑，对电气设备和操作系统进行彻底检修。设备一旦被污染，就容易出现故障，缩短使用寿命，使设备运行不顺畅和发生事故，因此要对设备进行清扫和保养。要定期对设备和工具进行详细的检查，经常对设备和机械、装置内部进行清扫，不要有死角。

5）制定作业现场的清扫规程并实施。应制定清扫规程，明确应由谁来打扫，何时打扫，打扫哪里，怎样打扫，用什么工具来打扫，要打扫到什么程度等一系列的程序和规则，这是非常重要的。

2. 实验室清扫实务

化学实验室清扫不仅仅是打扫卫生，也是实验室管理的一部分。为做好实验室清扫工作，不仅需要对实验室人员进行思想教育，使其自觉完成清扫工作，还要对实验室清扫进行一系列的规范化管理。

化学实验室清扫可按制定方案、组织实施、检查记录 3 个流程进行。

（1）制定方案

清扫的程序和方法是依照 5W1H 来制定的，即明确由谁来清扫（who），何时清扫（when），用什么工具来清扫（what），清扫哪里（where），为何清扫（why），要清扫到什么程度（how）。化学实验室清扫程序信息见表 3-2-2。

表 3-2-2　化学实验室清扫程序信息

实验室清扫程序	具体要素
清扫人员	工位号、姓名
清扫时间	每天（每次实验结束后），每周固定一次全面清扫
清扫工具	棉纱、拖布、扫帚、吸尘器、清洗剂等

续表

实验室清扫程序	具体要素
清扫区域	窗户、走道、操作台面（底）、设备、货架、门窗等
清扫目的	消除“脏污”，保持工作场所干净、明亮
清扫程度	见表 3-2-3

表 3-2-3 化学实验室清扫标准

项目	内容
办公讲台	共用办公文具、多媒体工具、台面每天清扫一次
	办公物品摆放整齐，无积尘
	台下垃圾下班前清倒
化学操作台	每次实验项目结束后清扫一次
	台面干净，无试剂、水滴及固体残留物，水槽无残渣等
	常用玻璃仪器、工具等摆放整齐
公共通道	每次实验项目结束后拖地一次
	地面无水滴、油污、纸屑、灰尘等
	通道无其他工具、杂物等摆放
仪器货架	每周定期清扫一次
	每层货架无灰尘，货架顶部与底部无脏污
	货架上仪器工具摆放整齐
通风设备	每次实验项目结束后擦拭一次
	设备操作标识清晰易辨
	电线、管道无脏污、破裂
门窗	每周定期清扫一次
	无脏污、破烂、乱贴乱画之处
	门窗锁扣状态良好，能开能关
其他物品及区域	墙面、其他橱柜等每月清扫一次，无脏污
	防潮、防虫、防火措施有效

知识链接

5W1H 法是国际上广泛使用的一种工作方法，是指在做任何工作时都要提出和解答以下问题：

1）首先要问为什么？有无必要？（why）

2）做什么？达到什么目标？（what）

3）在什么地方做？由哪个部门、哪个单位执行？（where）

4）什么时候实施？什么时候完成？（when）

5）由谁负责？（who）

6）如何完成？（how）

5W1H 即上述 6 个英语单词的第一个字母。

（2）组织实施

化学实验室清扫污垢时的要点是"从大到小，从上到下，从里到外，从角落到中心"。在清扫的时候，一定要注意正常情况下难以清扫到的地方，如仪器货架的上面、橱柜的上面、门窗顶部、操作台的下面、水槽下面、通风橱的里面，以及污染相对严重的地方，如废液、废渣收集处等。

难以清扫的地方，经常是最容易遗漏的地方。因此，应对难以清扫的部分制订专门的清扫计划。

为确保清扫效果，实验室全员参与是非常重要的。对实验室的个人区域和公共区域进行划分后，必须确定责任人，要求责任人和执行者要有主人翁意识和责任感，按时清扫、检查。

（3）检查记录

清扫后要检查效果，可以按照化学实验室清扫标准（仅供参考，见表 3-2-3）检查，具体检查内容见表 3-2-4。

表 3-2-4　　清扫活动检查记录表

7S 区	负责人	清扫活动检查内容
资讯区		计算机是否关机，黑板是否擦干净，椅子摆放是否整齐
中心操作区		物品摆放是否整齐，台面是否清洁，椅子是否整齐

续表

7S 区	负责人	清扫活动检查内容
称量区		天平是否放置在定置区域，天平是否复原，台面是否清洁，椅子是否整齐
加热区		电炉是否放置在定置区域，电源是否断开，台面是否清洁
仪器货架区		玻璃仪器是否分类存放且摆放整齐，标识是否明确
废弃物回收区		垃圾桶是否清理，废液是否处理，无机废液和有机废液标识是否明确
备注	①此表的 7S 区由负责人每天进行维护 ②下课前 15 min 开始检查 ③其他包括清洁器具放置柜、门窗、玻璃等的检查	

3. 整顿的实施步骤

7S 管理中的整顿是把需要的事、物加以定量和定位，把必要的东西放在规定的地方，规定放置区，明确标识，以便以最快的速度取得所要之物，在简洁有效的规章、制度、流程下完成事务。

实际上，整顿就是物品放置的标准化，整顿的关键是做到定位、定品、定量，经常检查定置管理状态，发现不合格处立即纠正。实验室合理的布置、整齐的工作环境可有效减少实验人员找寻物品的时间，提高工作效率。

整顿的推行步骤如下：

（1）物品分类

在整顿时，要根据物品特征对物品进行分类，把具有相同特点或相同性质的物品划分到同一个类别之中，并制定标准和规范，确定物品的名称并做好标识。

（2）确定放置场所

在整顿初期，应将整理后腾出的空间进行重新规划，将最常用的东西放在最靠近工作场所的地方，将不常用的东西存放在其他位置。对于不同的场所，可使用不同颜色的油漆或胶带来加以明确，如绿色代表常用仪器区。

（3）确定放置方法

明确物品的放置方法，也是整顿工作中的一个重要内容。物品的放置方法必须以容易拿取为原则，一般包括放在架子上、箱子里、塑胶篮中及悬挂放置等。确定放置方法时，要考虑物品的用途、功能、形态、大小、质量和使用频率等因素，尤其要注意取用和放置方便。

在明确放置方法时要注意以下问题：放置时，应尽可能便于物品“先进先出”；尽量利用架子立体放置，提高空间利用率；将同类物品集中放置；避免将单一或少数不同物品集中放置，应分开定位。

（4）物品的定位放置

根据存放方法，将物品放在该放的地方，同时注意对现场的各定置要求进行检查，看是否都有明确的规定并且按规定执行。

（5）做好场所、物品标识

标识是整顿的最终环节。明显、清楚地标识能起到方便沟通、减少差错、提高效率的重要作用。整顿的宗旨就是以最少的时间和精力，实现最高的效率、最高的工作质量和最安全的工作环境。

其中，一定要将物品名称和存放场所标清楚，这样才能让每名学生都知道要用的物品在哪里。如果该物品正在被使用，也应该清楚标明使用者及使用场所，以便紧急需要时能快速找到。

4. 实验室整顿实务

根据整顿的推行步骤，可以将化学实验室整顿实务按照物品区分、场所划分、定位放置、做好标识 4 个流程进行。

（1）物品区分

将实验室使用到的仪器物品按照使用频率进行区分，见表 3-2-5。

表 3-2-5　　仪器物品使用频率及处理方法

<table>
<tr><th>类别</th><th colspan="2">使用频度</th><th>处理方法</th><th>举例</th></tr>
<tr><td rowspan="4">必需物品</td><td colspan="2">每天</td><td>现场存放（操作台附近）</td><td>烧杯、玻璃棒、锥形瓶、滴定管等</td></tr>
<tr><td colspan="2">每周</td><td>现场存放（货架摆放）</td><td>容量瓶、移液管、吸量管、洗耳球等</td></tr>
<tr><td colspan="2">每月</td><td>仪器存储室存储</td><td>pH 计、电导率仪、紫外可见分光光度计等</td></tr>
<tr><td colspan="2">1 个月以上</td><td>仪器存储室存储</td><td>旋光仪、阿贝折射仪等</td></tr>
<tr><td rowspan="3">非必需物品</td><td rowspan="2">未定</td><td>有用</td><td>仓库存储</td><td>白度计</td></tr>
<tr><td>不需要用</td><td>报废、丢弃</td><td>—</td></tr>
<tr><td colspan="2">不能用</td><td>丢弃、报废、定向处理</td><td>损坏的玻璃仪器、损坏的设备、“三废”</td></tr>
</table>

除了按照使用频率区分之外，还要将仪器物品按照使用性质划分，同一性质的物品可以归类放置。

（2）场所划分

化学实验室分为很多类，如理化分析室、光学分析室、精密仪器室等。以常见的理化分析室为例，其场所主要划分为资讯区、中心操作区、称量区、加热区、仪器货架区、废弃物回收区。

（3）定位放置

按照场所划分的区域，将相对应的物品按照要求和类别定位放置到相应区域，见表 3-2-6。

表 3-2-6 不同区域放置的仪器物品

序号	区域	放置仪器物品
1	资讯区	计算机、办公桌椅
2	中心操作区	烧杯、玻璃棒、锥形瓶、滴定管、纯净水桶等
3	称量区	电子天平（按量程分类）
4	加热区	电炉、加热手套等
5	仪器货架区	容量瓶、移液管、吸量管、洗耳球、冷凝管等
6	废弃物回收区	有机废液、无机废液、固废等回收桶
备注	①以上主要为实验室实验需要用到的仪器物品，除此之外，还要划定清洁用品放置区，灭火器、消防沙子等放置区 ②化学实验室应急药箱要放置在显眼位置，安全易拿 ③称量区等有特殊要求的，应做好隔离装置	

（4）做好标识

将该定位的地方做出场所标识或编号标识，进行划线定位。物品定位的两个原则：一是位置或区域要固定，二是根据物品使用的频率和使用的便利性来确定物品放置的场所。

化学实验室场地、仪器标识可分 3 步走。

1）准备好标签纸（可以用不同颜色的纸）、笔，根据区域的大小选择合适大小的标签纸，可以把标签纸裁剪成不同的形状。

2）根据整理规划好的区域和物品，写好对应的名称。例如，场所区域有加热区、称量区、操作区、清洁区、废弃物回收区、常用玻璃仪器存放区、不常用仪器存放区，物品有 100 mL 烧杯、50 mL 烧杯、200 mL 烧杯、250 mL 烧杯、500 mL 烧杯、50 mL 容量瓶、100 mL 容量瓶、移液管架、电炉、pH 计、分光光度计、电导率仪等。

3）用封口胶把标签贴在明显的位置，便于大家看到。

三、试剂瓶标签的书写

化学试剂种类万千，为了区分不同试剂，需要在试剂瓶上粘贴不同的标签来进行标注。根据试剂种类的不同，试剂溶液分为一般溶液和标准溶液，其标签在书写方式上有一定差异。

1. 一般溶液

一般溶液不需要通过校准或其他比对方法获得其准确浓度。在测试工作中，其浓度和用量不参与被测成分含量的计算，通常作为辅助溶液使用，如用于控制酸度、指示终点、消除干扰、显色、配位等。根据用途，一般溶液可分为显色液、掩蔽剂溶液、缓冲液、提取液、吸收液、碱性溶液、指示剂溶液、沉淀剂溶液、空白溶液等。一般溶液的试剂瓶标签应包括名称、浓度、介质、配制日期、有效日期、配制人和其他说明。

（1）硫酸溶液

硫酸溶液标签见表 3-2-7。

表 3-2-7　　硫酸标准溶液标签

名称：硫酸溶液
规格：（1+2）
配制日期：　　年　　月　　日
有效日期：　　年　　月　　日
配制人：××× （全名）

（2）氨-氯化铵缓冲溶液甲

氨-氯化铵缓冲溶液甲标签见表 3-2-8。

表 3-2-8　　氨-氯化铵缓冲溶液甲标签

名称：氨-氯化铵缓冲溶液甲
规格：pH≈10
配制日期：　　年　　月　　日
有效日期：　　年　　月　　日
配制人：××× （全名）

2. 标准溶液

标准溶液是具有准确已知浓度的试剂溶液。试剂瓶标签书写内容应完整、规范、准确。标准溶液标签的内容包括标准溶液名称、浓度、介质、配制日期、配制温度、有效日期和配制人、注意事项等。

(1) 铁标准储备液 [ρ (Fe^{3+}) = 1 000 mg/L]

铁标准储备液标签见表 3-2-9。

表 3-2-9　铁标准储备液标签

名称：铁标准储备液
浓度：ρ (Fe^{3+}) = 1 000 mg/L
介质：5%硫酸溶液
配制日期：　年　月　日
有效日期：　年　月　日
配制人：××× (全名)

(2) 氢氧化钠标准溶液 (c_{NaOH}=0.100 1 mol/L)

氢氧化钠标准溶液标签见表 3-2-10。

表 3-2-10　氢氧化钠标准溶液标签

名称：氢氧化钠标准溶液
浓度：0.100 1 mol/L
配制日期：　年　月　日
有效日期：　年　月　日
配制人：××× (全名)

练一练：请以小组为单位，制作实验室各种物品、区域的标识牌。

思考与练习

一、判断题

1. 7S 管理中的安全管理是对时间、空间、资源等方面整体规划、合理利用，以发

挥最大效能，创造高效、物尽其用的工作场所。（　）

2. 整顿是将必要物品按规定位置、规定数量摆放整齐，明确标识，以便在最短时间内找到要找的物品。目的是缩短找寻物品的时间。（　）

3. 清扫是保持工作岗位无垃圾、无灰尘、干净整洁的状态；将工作场所清扫干净，保持工作场所干净、明亮。目的是降低物品误用，塑造有序的工作场所。（　）

4. 在实验室整理、整顿的时候，如果发现有试剂的标签脱落，可以根据经验写上标签。（　）

5. 在实验室整理、整顿中，物品可以根据使用频次划分，也可以根据仪器设备的性质划分。（　）

6. 标识是整顿的最终环节。明显、清楚地标识能起到方便沟通，减少差错，提高效率的重要作用。所以要将物品名称和存放场所标清楚，这样才能让每名学生都知道要用的物品在哪里。（　）

7. 在日常清扫活动检查中，称量区应该检查天平是否放置在定置区域，天平是否复原，台面是否清洁，椅子是否整齐。（　）

8. 在实验室进行清扫的时候，要制订清扫计划，可以按照5W1H法制订计划。（　）

9. 实验室难以清扫的地方，如实验操作台的下面，对实验没有什么影响，可以不用打扫。（　）

二、单项选择题

1. 7S管理是指在生产现场中对人员、机器、材料、方法等生产要素进行有效的管理，其重点在于（　）。

A. 整理　B. 素养　C. 整顿　D. 清扫

2. 关于整理的定义，正确的是（　）。

A. 将所有的物品重新摆过

B. 将工作场所内的物品分类，并把不要的物品清理掉，将工作场所打扫干净

C. 区分要与不要的东西，工作场所除了要用的东西以外，其他都不放置

D. 将物品分区摆放，同时做好相应的标识

3. 关于素养的定义，正确的是（　）。

A. 将生产、工作、生活场所内的物品分类，并把不要的物品清理掉

B. 把有用的物品按规定分类摆放好，并做好适当的标识

C. 将生产、工作、生活场所打扫得干干净净

D. 员工在遵守公司规章制度的同时，维持前面4S的成果，养成良好的工作习惯

及积极主动的工作作风

4. 下面不属于溶液标签内容的是（　　）。

A. 日期　　B. 浓度　　C. 湿度　　D. 溶液名称

5. 下列关于 7S 管理好处的说法中，不正确的是（　　）。

A. 7S 管理花费师生更多的时间和精力，但能为师生创造安全、舒适的环境

B. 7S 管理能够提高化学实验室师生工作学习效率

C. 7S 管理能够推进化学实验室标准化建设

D. 7S 管理能够节约化学实验室预算成本

6. 能够对时间、空间、资源等方面整体规划、合理利用，以发挥最大效能，创造高效、物尽其用的工作场所的是（　　）。

A. 整理　　B. 整顿　　C. 清扫　　D. 节约

7. 做好标识是化学实验室整顿实务中的重要部分，是指将该定位的地方做好场所标识或编号标识，对区域进行划线定位。下列关于定位的说法中，正确的是（　　）。

A. 划分的位置或区域可灵活安排

B. 根据物品使用的频率和使用的便利性来确定物品放置的场所

C. 根据物品的价值来确定物品的放置场所

D. 根据物品的危险性来确定物品放置的场所

8. 某种仪器的使用频率在 1 个月以上，其存放方式为（　　）。

A. 现场存放（操作台附近）　　B. 现场存放（货架摆放）。

C. 仪器存储室　　D. 仓库存储

9. 下列关于实行化学实验室 7S 管理的说法中，不正确的是（　　）。

A. 可以对事故隐患进行防范，避免事故发生

B. 保护人身与财产不受侵害，以创造零风险、无意外事故发生的工作场所为目标

C. 对操作人员的操作技能进行训练，应建立、健全各项安全管理制度

D. 勿以善小而不为，勿以恶小而为之，主要人员参与，排除隐患，重视预防

三、多项选择题

1. 7S 管理是指在生产现场中对人员、机器、材料、方法等生产要素进行有效的管理。以下属于 7S 内容的是（　　）。

A. 整理、整顿　　B. 清扫、清洁

C. 计划、素养　　D. 安全、节约

2. 5W1H 分析法也称六何分析法，是一种思考方法，指对选定的项目、工序或操作从（　　）6 个方面提出问题进行思考。

A. why、what　　B. where、when　　C. who、how　　D. word、how

3. 下列属于标准溶液标签内容的是（　　）。

A. 配制温度　　B. 浓度　　C. 实验室名称　　D. 配制人

4. 整顿是将必要物品按规定位置、规定数量摆放整齐，明确标识，能在最短时间内找到要找的物品。整顿的意图有（　　）。

A. 腾出空间，提高空间使用率　　B. 减少过多的积压物品

C. 缩短找寻物品的时间　　D. 营造整齐的工作环境

5. 化学实验室清扫污垢时，其清扫要点是（　　）。

A. 从大到小　　B. 从上到下　　C. 从里到外　　D. 从角落到中心

四、填空题

1. 7S 是（　　）、（　　）、清扫、清洁、素养、（　　）、（　　）。

2. 5W1H 是指 when、（　　）、what、where、（　　）、（　　）。

五、简答题

1. 实验室实施 7S 管理有什么优点？

2. 如何对实验室的物品进行区分整理？

3. 实验室清扫的步骤有哪些？

六、思考题

如何对中心实训室进行整理、整顿？

实训 3-2 实验室的整顿

一、实训目的

1. 能够正确区分实验室的物品。
2. 能够正确放置实验室的物品。
3. 能够规范标识实验室的物品。

二、器材准备

马克笔、标签纸、各色胶带、剪刀等。

三、实训内容与步骤

在实验室开展整顿技能考核。

1. 物品区分

列出实验室的物品，将实验室用到的仪器物品按照使用频率进行区分，填写物品区分表（见表 3-2-11）。

表 3-2-11 物品区分表

类别	使用频度		处理方法	物品名称
必需物品	每天		现场存放（操作台附近）	
	每周		现场存放（货架摆放）	
	每月		仪器存储室存储	
	1 个月以上		仪器存储室存储	
	未定	有用	仓库存储	
		不需要用	报废、丢弃	
	不能用		丢弃、报废、定向处理	

2. 定位放置

按照场所划分的区域，将相对应的物品按照要求和类别定位放置到相应区域，填写物品定置表（见表 3-2-12）。

表 3-2-12　　物品定置表

序号	区域	放置物品
1	资讯区	
2	中心操作区	
3	称量区	
4	加热区	
5	仪器货架区	
6	废弃物回收区	

3. 做好标识

将该定位的地方做好场所标识或编号标识，对区域进行划线定位。物品定位的两个原则：一是位置或区域要固定，二是根据物品使用的频率和使用的便利性来决定物品放置的场所。

四、实训测评

按表 3-2-13 所列实训评分标准进行测评，并做好记录。

表 3-2-13　　实训评分标准

项目	考核内容	判断
资讯区	办公桌是否脏、杂、乱，办公用品、用具是否随意放置	是□　否□
	文件是否标识清楚，文件分类是否明确	是□　否□
	办公工具、设备是否破损未修复	是□　否□
	文件是否得到很好的保管	是□　否□
中心操作区	是否对使用中的物品加以区分，并有清楚的标识	是□　否□
	是否对物品定位放置，仪器周围是否存放无关的物品	是□　否□
	物架是否放置多种物品且没有标识	是□　否□
称量区	天平是否定置	是□　否□
	称量手套是否定置	是□　否□
	干燥器是否定置	是□　否□
	是否配备清扫刷子	是□　否□
加热区	电炉是否放置在定置区域	是□　否□
	耐高温手套是否定置	是□　否□
	是否设置高温警示标志	是□　否□

续表

项目	考核内容	判断
仪器货架区	是否对使用中的物品加以区分，并有清楚的标识	是□　否□
	物品摆放是否整齐	是□　否□
	物品架是否放置多种物料且没有标识，是否很乱	是□　否□
废弃物回收区	有机废液、无机废液、固体废弃物的桶是否贴有标签	是□　否□
	有机废液、无机废液、固体废弃物的桶是否定置	是□　否□
	有机废液、无机废液、固体废弃物的桶是否在定置区域	是□　否□

注：表中每次为 5 分，总分为 100 分。

§3-3 实验室的安全检查

学习目标

1. 能够了解实验室水、电、气布局的基本原则。
2. 能够正确、快速地关闭水、电总闸。
3. 能够正确记录设备损坏登记表。

学生完成实验任务，准备离开实验室之前，应对实验室进行安全检查。安全检查的内容包括对实验室水、气、电和门窗等进行检查，确保实验室的安全。

一、实验室水、电、气布局

1. 实验室水的布局

水是实验室最常用的试剂之一。

（1）实验室内排水管道布置

1）排水立管宜靠近排水量最大的排水点。

2）排水埋地管道不得布置在可能被重物压坏处或穿越生产设备基础。

3）塑料排水立管应避免布置在易受机械撞击处；当不能避免时，应采取保护措施。

4）塑料排水管应避免布置在热源附近；当不能避免，且导致管道表面温度大于 60 ℃时，应采取隔热措施。

（2）实验室供水

实验室供水要保障必需的水压、水质和水量，以满足仪器设备正常的需要。实验室有 3 个方面的用水需求，即实验过程用水、日常用水和消防用水。供水方式：通常将上述 3 种用水合并为一个供水系统，由城市供水管网直接供水。高度超出城市供水管网水压范围的实验楼，应设置加压设备，宜选择变频加压供水装置，不宜采用屋顶水箱供水，避免供水的二次污染。对于实验过程中使用的纯水，可以在实验室安装纯水系统、超纯水系统或蒸馏水器，自行制备供给。室内总阀门应设在易操作的显著位置。

(3) 实验室排水

实验室废水常含有酸、碱、氰化物、重金属等无机物和氯甲烷、苯、醚等有机物以及致病微生物或放射性物质，所以不能直接排放。在有条件的城市，应将废水分类收集后交专业废弃物处理部门集中处理；无条件的，应在实验室设置污水处理装置或采取有效措施，以除去废水中的污染物，杀灭致病微生物，使水质达到污水排放标准后再排入城市排水管网。下水道应采用耐酸碱腐蚀的材料，地面应有地漏。

(4) 实验室用水标准

根据《分析实验室用水规格和试验方法》(GB/T 6682—2008) 的规定，分析实验室用水的原水应为饮用水或适当纯度的水。实验室用水分为 3 个级别：一级水、二级水和三级水。

1) 三级水用于一般的化学分析实验。三级水可用蒸馏或离子交换的方法制取。蒸馏水是实验室最常见的一种纯水。蒸馏水只能去除大部分杂质，对于挥发性杂质是无法去除的，如氨、部分有机物等。

2) 二级水用于无机痕量分析等实验，如原子吸收光谱分析用水。二级水可用多次蒸馏或离子交换等方法制取。

3) 一级水用于有严格要求的分析实验，包括对颗粒有要求的实验，如高效液相色谱用水。一级水可用二级水经过石英设备蒸馏或离子交换混合处理后，再经 0.2 μm 微孔滤膜过滤来制取。

4) 自来水一般用于初洗玻璃仪器、真空泵循环水、冷却水和水浴等。使用时注意避免触电。

(5) 影响纯水质量的因素

影响纯水质量的主要因素有空气、容器和管路。

实验室制取的纯水一经放置，与空气接触后，其电导率会迅速下降；存放纯水的玻璃仪器可能会析出部分金属离子和硅酸盐；聚乙烯容器会析出一些有机物。这些都会对水质造成影响。

(6) 实验室用水的容器和存储方法

实验室用水需要储存在密闭的专用聚乙烯容器中，三级水也可以使用玻璃容器储存。第一次使用的容器要先用 1+1 的盐酸溶液浸泡 2~3 天，然后用实验室用水反复冲洗干净。各级纯水在使用期间主要的污染来源于容器可溶性的物质和空气中的二氧化碳、灰尘等杂质。所以，一级水需要现用现配，不能储存；二、三级纯水可以适量储存。

2. 实验室供电系统和电气设备

实验室供电系统是实验室最基本的条件之一。实验室多数设备在一般情况下是间歇工作的，但是也有部分仪器需要一直通电。另外，实验一旦开始，一般不宜频繁断电，否则会影响实验的准确性，甚至导致实验失败或仪器损坏。因此，实验室的供电系统应由总配电室直接引出，并避免与大功率用电设备共线，以减少线路电压波动。

实验室供电应该注意以下几个方面：

1）供电线路要有较多的余量，一般要超过预算用量的30%左右。

2）每个实验室要配备三相和单相供电线路，以满足不同实验设备的需求。

3）每个实验室要设置电源总开关，方便控制实验室电路。但是对某些长期通电的设备，如冷柜、X 射线荧光仪、危险气体报警装置等，则应专线供电，避免总开关对其限制。

4）电源插座应远离水盆和煤气、氢气等喷嘴口，不影响实验台仪器的放置和操作。线盒采用钢线槽（主要用于试剂架、边台和中央台台面上），电线线径应充分考虑实验的当前需要和扩容。电源的开关要设在明显的位置。要配备足够的电源插座，严禁在实验室私拉电线。

5）实验室的供电线路要采取保护措施。在易燃易爆物品较多的实验室或者储存易燃易爆物品的试剂房，要注意供电线路和电气设备运行时可能发生危险。要根据实际需求设置必要的安全设施，如防爆开关、防爆灯和防爆柜等。

3. 实验室特殊气体配送系统

实验室用气主要由不燃气体（氮气、二氧化碳）、惰性气体（氩气、氦气等）、易燃气体（氢气、一氧化碳）、剧毒气体（氟气、氯气）、助燃气体（氧气）组成。除不燃气体、惰性气体外，其他气体不得进入实验室，可以通过输气管接到各实验室内。一般气相室配置氦气、氮气，气质联用室配置氮气、氢气、氧气。氢气管线上的连接管件都要连接后焊接，严禁泄漏。所有的管线在安装完毕后一定要做气密性试验，并在使用前先除油。由于管线细小、管间距小，安装过程中可依据现场情况进行调整，保证间距不小于45 mm。气瓶装瓶时，易燃易爆气体可与惰性气体同柜，杜绝两种易燃气体同装一柜。

实验室有毒有害、可燃气体的泄漏将对实验室安全造成巨大的危害，气体泄漏还会对实验结果造成影响，所以平时要做好检漏。实验室常见的气体检漏方法如下：

（1）观察法

如闻到强烈刺激性气味，或者听到管路连接处发出“嘶嘶”的声音，可以判断为漏气。这种方法很简便，但有局限性，对剧毒气体和某些易燃气体不适用。

（2）肥皂水法

将肥皂水抹在气路连接处，若有气泡产生，则判定为漏气。此法使用较普遍、准确，但不能对氧气管路检漏，以防肥皂水中的油脂与氧接触发生剧烈的氧化反应。

（3）气球膨胀法

将软胶管套在气瓶的出气口上，另一端连接气球。如果气球膨胀，则说明有漏气现象。此法最适用于剧毒气体和易燃气体检漏。

（4）化学法

该方法的原理是将事先准备好的某些化学药品与检漏点处的气体接触，如发生化学反应，并出现某种外观特征，则断定为漏气。例如，检查液氨钢瓶，可用湿润的石蕊试纸接近气瓶漏气点，若试纸由红色变成蓝色，则说明漏气。此法仅适用于某些剧毒气体检漏。

（5）气体报警装置

在实验室或者钢瓶室内安装气体报警装置，如果气体发生泄漏，报警器就会报警，通知工作人员及时处理。

知识链接

爆炸极限：可燃物质（可燃气体、蒸气和粉尘）与空气（或氧气）必须在一定的浓度范围内均匀混合，形成预混气，遇着火源才会发生爆炸，这个浓度范围称为爆炸极限或爆炸浓度极限。

可燃性混合物的爆炸极限有爆炸（着火）上限和爆炸（着火）下限之分。上限指的是可燃性混合物能够发生爆炸的最高浓度。高于爆炸上限时，空气不足，导致火焰不能蔓延，既不爆炸，也不着火。下限指的是可燃性混合物能够发生爆炸的最低浓度。低于爆炸下限时，可燃物浓度不够，过量空气的冷却作用阻止了火焰的蔓延，既不爆炸，也不着火。

知识链接

(1) 氢气的性质和灭火方法

1) 氢气的性质。氢气密度极小，极易燃，和氟气、氯气、氧气、一氧化碳以及空气混合均有爆炸的危险。实验测定，空气中混入氢气的体积达到总体积的4%~74.2%时，遇点火源就会爆炸。其中，氢气与氟气的混合物在低温和黑暗环境就能发生自发性爆炸，与氯气的混合体积比为1:1时在光照下也可爆炸。氢气无色无味，燃烧时火焰是透明的，因此泄漏后不易被发现。在许多情况下，向氢气中加入有臭味的乙硫醇，以便泄漏后被察觉，并可同时赋予火焰以颜色。氢气比空气轻，在室内使用和储存时，漏气上升滞留屋顶不易排出，遇火源即会引起爆炸。

2) 灭火方法：切断气源。若不能切断气源，则不允许熄灭泄漏处的火焰，应喷水冷却容器，尽可能将容器从火场移至空旷处。

(2) 乙炔的性质、应急处置和灭火方法

1) 乙炔的性质。乙炔是无色、无味、易燃的气体，微溶于水，易溶于乙醇、丙酮等有机溶剂，极易燃烧、爆炸。乙炔与空气混合能形成爆炸性混合物，遇明火、高热能引起燃烧、爆炸；与氧化剂接触猛烈反应；与氟、氯等接触会发生剧烈的化学反应；能与铜、银、汞等的化合物生成爆炸性物质。

2) 应急处置如下：

①吸入：迅速脱离现场至空气新鲜处。保持呼吸道通畅。如呼吸困难，给予输氧。如呼吸停止，立即进行人工呼吸并立即就医。

②呼吸系统防护：一般不需要特殊防护，但建议特殊情况下佩戴自吸过滤式防毒面具（半面罩）。

③眼睛防护：一般不需要特殊防护，高浓度接触时可戴化学安全防护眼镜。

④身体防护：穿防静电工作服。

⑤手防护：戴一般作业防护手套。

⑥其他防护：工作现场严禁吸烟。避免长期反复接触。进入罐等有限空间或其他高浓度区作业，须有人监护。

⑦泄漏应急处理：迅速疏散泄漏污染区人员至上风处，并进行隔离，严格限制出入。切断火源。建议应急处理人员戴自给正压式呼吸器，穿防静电工作服。尽可能切断泄漏源。合理通风，加速扩散。可用喷雾状水稀释、溶解。可构筑围堤或挖坑以收

容产生的大量废水。如有可能，将漏出气用排风机送至空旷地方或装设适当喷头烧掉。漏气容器要妥善处理，修复、检验后再用。

3）灭火方法：切断气源。若不能切断气源，则不允许熄灭泄漏处的火焰。喷水冷却容器，尽可能将容器从火场移至空旷处。灭火剂包括雾状水、泡沫、二氧化碳、干粉等。

4. 实验室通风设施

在实验室做实验时，常常产生少量有毒或易燃的气体。这些有毒有害气体如不及时排出室外，就会造成实验室空气污染，进而影响实验人员的健康与安全。因此，实验室要有良好的通风条件和完善的通风设施。

（1）实验室通风系统设计考虑的主要因素

抛开设备因素，单纯从系统设计上考虑，实验室通风系统要考虑以下几个主要因素：

1）保证实验室的安全性，保证一定数量的换气次数。

2）解决实验室通风系统负压的设计和系统控制问题。

3）在满足换气次数和全新风条件下，控制能耗。

4）系统稳定可靠。

（2）实验室通风系统组成

实验室通风系统一般由通风设备、通风管道、风机、控制系统等组成。

1）通风设备。实验室常用的通风设备有通风柜、万向抽气罩、原子吸收罩、桌面式通风罩等。

2）通风管道。对于一般的建筑，若室内排出的气体没有腐蚀性，通风管道可以采用镀锌钢板；对于产生腐蚀性气体的实验室，通风管道应采用耐腐蚀的 PVC（聚氯乙烯）风管（室内）或玻璃钢风管（室外）。对于室内层高不足的实验室或采用大型风管的实验室，一般采用矩形风管，以便与现场空间匹配，在满足风管要求的前提下，尽量减小风管占用空间。圆形风管采用插件连接；矩形风管采用法兰方式连接，根据实际情况也可采用插件方式连接。

3）风机。风机主要有轴流风机、斜流风机、离心风机。轴流风机、斜流风机适用于风压小、管路短的通风系统，如直接排至窗外或墙外的通风系统（简称直排）；玻璃钢离心风机适用于管路长的通风系统，如通过风管井或外墙接管排至屋顶（简称屋顶排放）。风机的材质一般有玻璃钢、PP（聚丙烯）、PVC 等。风机的型号根据风量和风压选择。

4）控制系统。控制系统可根据不同的情况采用不同的控制方式，如单台通风设备定风量通风控制系统、多台通风设备变频控制系统、多台通风设备变频和变风量控制系统。

（3）实验室的通风方式

实验室的通风方式一般有局部通风和全室通风。

1）局部通风。局部通风使有害物质产生后就近排出，以较少的风量排走大量的有害物质，节约能源且效果好，能够改善现有的实验室条件，经济且可行。

局部通风设备分为通风柜、万向抽气罩、原子吸收罩、排毒柜、桌面式通风罩、不锈钢排气罩、排风试剂柜、排风药品柜及其他实验室排风的仪器设备等。

①通风柜（见图 3-3-1）。这是实验室常用的一种局部排风设备，内有加热源、水源、照明等装置。可采用防火防爆的金属材料制作通风柜，内涂防腐涂料，通风管道应能耐酸碱气体腐蚀。风机可安装在顶层机房中，并应有减少振动和噪声的装置，排气管应高于屋顶 2 m 以上。一台风机连接一个通风柜较好，不同房间共用一个风机和通风管道易发生交叉污染。通风柜应放在实验室空气流动较小的地方，不要靠近门窗。

②万向抽气罩（见图 3-3-2）。万向抽气罩是进行局部通风的首选，安装简单，定位灵活，通风性能良好，能有效保护实验人员的人身安全，适用于液相色谱、气相色谱或废气量不大且没有高温的实验。

③原子吸收罩（见图 3-3-3）。原子吸收罩主要适用于原子吸收仪等涉及高温且需要局部通风的大型精密仪器，要求定位安装，也是整体实验室规划中必须考虑的因素之一。

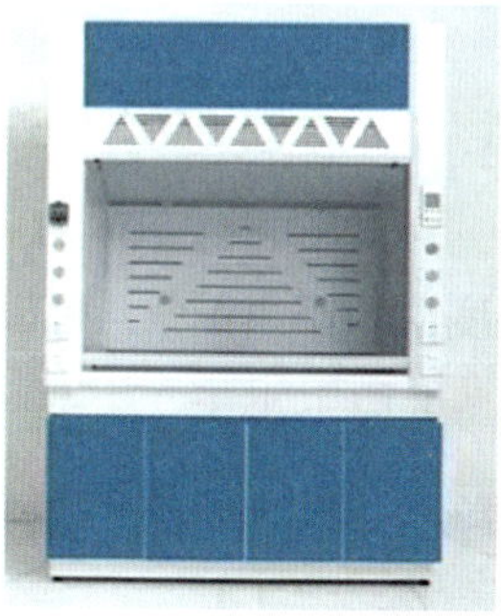

图 3-3-1　通风柜

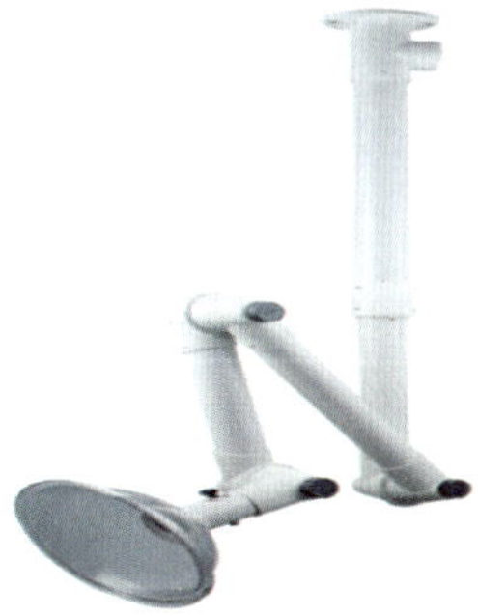

图 3-3-2　万向抽气罩

图 3-3-3　原子吸收罩

④排毒柜。排毒柜是安全处理有毒有害气体或蒸气的通风设备。作用是捕捉、密封和转移污染物以及有害气体，防止其逃逸到实验室内，避免实验人员吸入或接触污染物。排毒柜通过风机将实验室内的空气吸进排毒柜，将排毒柜内污染的气体稀释并

通过通风系统排到户外，以达到低浓度扩散。

⑤桌面通风罩。桌面通风罩主要适用于有机化学或需要长时间蒸馏的实验室，在满足这类实验室的整体通风要求中，它是必不可少的设备之一。

2）全室通风。全室通风是对整个房间进行通风换气，用送入室内的新鲜空气将房间里的有害气体浓度稀释到卫生标准的允许范围之内，同时，将室内污染的空气直接或经过净化处理后排放至室外大气中。换气次数一般为每小时5次。

知识链接

万向抽气罩主要用来快速排放实验或生产过程中产生的小范围粉尘、热气、挥发性气体、有害气体等小颗粒状悬浮物或气体。

（4）气体排放处理

实验室排放的气体中存在很多有毒和腐蚀性极强的气体，所以在排入大气前要对气体进行过滤处理。通常情况下，酸性气体选用立式酸雾塔，有毒和有机气体选用光学催化净化箱。两种设备分别安装在通风系统末端，立式酸雾塔安装在风机的正压段，光学催化净化箱安装在风机的负压段。

二、实验室门窗及供暖设备

1. 实验室门的位置和开闭

在实验室设计中，对实验室门的主要要求如下：

1）开启方向：分内开和外开。一般向内开，但是化学、生物实验室以及有爆炸危险的房间门都应向外开。

2）门的尺寸：由二分之一个标准单元组成的实验室门洞宽度应不小于1 m，可以满足人员出入和大多数器材、设备、冰箱、烘箱等搬动的要求。高度应不小于2.1 m，一般为子母门、双开门。平时应关上小窗，人员由大门出入。特殊要求的房间门洞尺寸根据具体情况确定。

3）弹簧：有的要求单向弹簧或推拉门。

4）隔声：要求安静的实验室应设置隔声门。

5）保温：有冷藏或恒温要求的应采用保温门。

6）屏蔽：如需防止电磁场干扰，应设置屏蔽门。

7）除有特殊要求外，最好在实验室门上设置玻璃观察窗，以便值班人员进行安全观察。

2. 实验室窗户的开闭与检查

窗台离地以不低于 1 m 为宜。窗的高度在可以利用天然采光的情况下，不妨大点。窗口设计要求如下：

1）设置暖气和空调的实验室应尽量减少实验室窗户面积。

2）实验室窗扇一般是关闭状态，在使用空调后，需要打开部分窗扇进行自然通风。

3）实验室有洁净要求的，应使用固定窗户，以避免灰尘进入室内。

4）有的实验室为了防止灰尘从窗缝进入，确保窗扇能打开，一般使用密封窗。

5）实验室需要设置外窗时，应设置双层密闭窗。当采用铝合金窗、塑钢窗时，可以采用中空玻璃的单层密闭窗，从而保证围护墙结构的热工性能。

6）仪器实验室外窗需要朝北开，若受条件限制，实验室窗户向东、南、西等方向开时，需要采用遮阳窗帘和窗户。

离开实验室时，应检查实验室的门窗是否关闭。

3. 实验室供暖设施

我国北方地区的化学实验室在寒冷的冬季通常采用集中供暖。一般来讲，室内的供暖系统由采暖管道、散热设备和附属器具组成。其中，采暖管道采用焊接钢管或铝塑复合管，前者采用螺纹连接的方式进行焊接，后者则采用专用的管接头进行连接。国内常用的散热设备为散热器，有铸铁散热器和钢制散热器两大类。

在供暖季来临前的系统试压、供暖初期，以及供暖季中遇恶劣天气等情况时，应对供暖设施进行检查，以免因管道爆裂和散热器漏水导致实验设备设施泡水或地面结冰造成滑倒危险。

应检查供暖设施是否完好，供、回水阀门是否处于正常开启状态；在系统试压期间，要检查是否有跑冒滴漏的情况。一旦发生了漏水事故，应立即报告教师，停止教学和实验，联系相关人员进行抢修，并对实验室现场的设备、材料进行整理。

三、实验室设备设施损坏记录与上报

1. 实验室漏水事故的紧急处理

实验室漏水易造成电路短路，还会损坏精密仪器等。当发现实验室渗、漏水事故时，发现人员须立即通知物业管理人员关闭相应区域的上水管总阀，同时通知实验室安全责任人、实验员、实验室中心主任前往现场，召集人员清扫地面积水，移动浸泡物资，尽量减少损失。同时报修，及时维修，在修好之后方可使用。

2. 实验室电气线路安全

突然停电时，实验人员应立即停止实验，关闭电源，以防通电时发生意外。将冰箱中的易挥发试剂转移至阴凉通风处，防止挥发的气体积聚后产生危险。检查无误后方可离开实验室。

夜间突然停电时应保持镇静，辨别疏散方向，安全有序地转移到室外（走廊安装有应急照明灯），并立即通知物业管理人员。物业管理人员应携带应急照明灯进入实验室，关闭电源等，检查无误后方可离开实验室。

若仪器设备电路发生事故，实验人员应立即停止实验，切断电源，并向仪器设备管理人员和教学负责人报告。如发生失火，应选用二氧化碳灭火器灭火，不得用水灭火。如火势蔓延，应立即向学校安全保卫处和消防部门报警。

3. 实验室设备损坏记录

若实验室设备损坏或者破损，需要及时登记并上报维修或者更换。设备仪器损坏登记记录见表3-3-1。

表3-3-1　　设备仪器损坏登记记录

序号	仪器设备 名称、规格、型号	维修数量	原因 （故障描述）	上报人	上报时间

4. 实验室安全检查

离开实验室之前，要做好安全检查工作。把所有的仪器复原、复位。检查气路、水闸和电闸是否关好，然后关好窗户，锁好门。每天离开实验室前的安全检查见表3-3-2。

表3-3-2　　离开实验室前的安全检查

序号	项目	判断
1	所有水龙头是否关闭	是□否□
2	所有电炉是否断电	是□否□
3	所有空调是否关闭	是□否□
4	所有气流干燥器是否关闭	是□否□
5	所有天平是否关闭	是□否□

续表

序号	项目	判断
6	所有高压气体阀门是否关闭	是□否□
7	所有窗户是否关闭	是□否□
8	所有电热恒温干燥器是否关闭	是□否□
9	所有通风橱是否关闭	是□否□
10	所有电灯是否关闭	是□否□
11	所有水浴锅是否关闭	是□否□

实验室管理人员应每月对实验室进行安全检查，具体见表 3-3-3。

表 3-3-3　实验室安全检查表

序号	分类	重点检查内容	判断
1	制度建设及执行情况	规章制度、操作规程等是否齐全、上墙	是□否□
		实验室安全责任制是否健全	是□否□
		实验室门口是否有责任人挂牌	是□否□
		是否执行安全制度	是□否□
2	安全责任体系	是否建立了安全责任体系	是□否□
3	安全检查台账	实验室是否建立安全检查台账，记录问题及整改完成情况	是□否□
4	卫生环境管理	卫生状况是否达标	是□否□
		是否有该废弃处理的物品没有及时处理的现象	是□否□
		实验室内是否有烧煮食物、用餐的现象	是□否□
		实验室内是否有堆放私人物品的现象	是□否□
		是否有在实验室睡觉过夜的现象	是□否□
5	防火、防爆、防破坏等安全管理	实验室是否有防火、防爆、防盗、防破坏等基本设施和安全措施	是□否□
		消防器材是否按标准配置，是否存放合适，是否使用方便，安全通道是否畅通	是□否□
		对易燃、易爆、剧毒品是否专门存储并有专人保管，操作使用是否规范	是□否□
		实验室及走廊是否堆放易燃、易爆杂物	是□否□
		易燃、易爆气体是否混合使用，爆炸物实验操作是否严格按规定执行	是□否□

续表

序号	分类	重点检查内容	判断
5	防火、防爆、防破坏等安全管理	易燃品存放处是否有吸烟现象，是否有安全警示标识	是□否□
		实验室内不得乱扔烟蒂，是否有使用明火接触易燃物质的现象	是□否□
		易燃与助燃气气瓶是否分开放置，是否离明火 10 m 以外，容器阀门是否紧闭	是□否□
		高压、高温设备是否有安全管理措施，高压容器存放是否安全合理	是□否□
		实验设施设备是否安全运行，重点部位是否配备自动监控系统、安全警示标识、泄漏检测报警装置	是□否□
6	电气安全管理	电路容量是否有不适用高功率设备的现象	是□否□
		是否有乱拉乱接电线、使用花线、使用木制配电板的现象	是□否□
		是否有电线老化现象	是□否□
		是否有多个大功率仪器共用一个接线板的现象	是□否□
		是否有仪器使用完后未及时关闭电源的现象	是□否□
		是否有接线板直接放在地面的现象	是□否□
		是否有电源线裸露现象	是□否□
		是否有漏电开关失效及打火现象	是□否□
		仪器设备的开关、旋钮是否完好无损，无安全隐患	是□否□
7	化学试剂安全管理	有毒有害化学试剂是否实行专人管理，是否按照学校规定办理申购手续	是□否□
		有毒有害化学试剂是否有清单，是否有登记记录、领用记录、使用记录、处置记录	是□否□
		剧毒化学品是否有安全警示标识，操作规程是否清晰、醒目，是否配备必要的应急救援器材和设备	是□否□
		化学试剂是否按规定分类摆放，是否存放于符合安全规定和防护要求的地点，有毒化学试剂不得与一般化学试剂混放	是□否□
		危险化学品是否严格实行“六双”制度（双人保管、双锁、双账、双人领用、双人使用、双人运输）	是□否□
		剧毒化学品是否使用专用铁皮保险柜存放	是□否□
		化学试剂使用是否符合规范，实验中是否有教师或实验技术人员监督和管理实验	是□否□

续表

序号	分类	重点检查内容	判断
8	“三废”排放	是否配备了实验废弃物分类容器	是□否□
		是否存在实验废弃物和生活垃圾混放的现象	是□否□
		是否有向下水道倾倒废弃化学试剂等的现象	是□否□
		是否有在实验室门外堆放实验室废弃物的现象	是□否□
		是否随意排放有毒有害气体	是□否□
		是否有气体吸收装置	是□否□
9	用水安全	下水道是否畅通，是否存在下水道堵塞现象	是□否□
		是否有自来水开着而无人值守现象	是□否□
		是否有水龙头、水管、皮管老化破损现象	是□否□
10	仪器设备安全	是否建立了设备台账，账物相符率 100%	是□否□
		是否有学生实验守则和仪器设备使用操作规定并严格执行	是□否□
		仪器设备是否长时间、超高压使用，造成损坏	是□否□
		是否有仪器设备运行、维护的记录	是□否□
		大型精密仪器设备是否有安全使用和管理措施	是□否□
		大型精密仪器设备使用人员是否经过专门培训	是□否□
		大型精密仪器设备与专有设备是否逐台有使用操作规程，并贴于显眼处，是否有使用登记簿	是□否□
		40 万元以上的大型精密仪器设备是否有专人负责使用管理	是□否□
		学生使用大型精密仪器设备和特种仪器设备是否有具备使用资格的技术人员和教师指导	是□否□
		特种仪器设备使用是否符合特殊功能和特殊条件要求	是□否□
		常规教学仪器设备长期不用时，是否定期维护	是□否□
存在事故隐患的主要原因			
检查问题记载及处理意见			

钱学森说过，科学工作千万不能固执己见；缺乏勇于认错的精神，是会吃大亏的。对实验室完成检查之后，应对存在的问题进行整改，并填写表 3-3-4。

表 3-3-4　　实验室安全自查隐患台账

序号	隐患和问题	整改完成时间

知识链接

钱学森（1911 年 12 月 11 日—2009 年 10 月 31 日），汉族，出生于上海，籍贯浙江省杭州市。1935 年赴美进修，1955 年回国，1959 年加入中国共产党，空气动力学家、系统科学家，工程控制论创始人之一，中国科学院学部委员、中国工程院院士，“两弹一星功勋奖章”获得者。在钱学森的带领下，1964 年 10 月 16 日中国第一颗原子弹爆炸成功，1967 年 6 月 17 日中国第一颗氢弹空爆试验成功，1970 年 4 月 24 日中国第一颗人造卫星发射成功。这些成果的取得有力地打破了超级大国的核垄断和核讹诈，对加强我国的国防力量，提高我国的国际地位，维护世界和平有着非常重要的意义。

思考与练习

一、判断题

1. 全室通风是对整个房间进行通风换气，用送入房间内的新鲜空气将房间里的有害气体浓度稀释到卫生标准的允许范围之内，同时将房间内污染的空气直接或经过净化处理后排放至大气中。一般换气次数为每天 5 次。（　　）

2. 若实验室设备损坏或者破损，需要及时登记并上报维修或者更换。（　　）

3. 实验完成后，清理完实验仪器就可以直接离开实验室。（　　）

4. 实验室供电系统是实验室最基本的条件之一，供电线路要有较多的余量，一般要超过预算用量的30%左右。（　　）

5. 实验室供水要保证必需的水压、水质和水量，以满足仪器设备的正常需要。实验室3个方面的用水需求指实验过程用水、日常用水和消防用水。（　　）

6. 实验室内排水管道布置应满足一定的要求。例如，塑料排水管应避免布置在热源附近，当管道表面受热温度小于70 ℃时，可以不采取隔热措施。（　　）

7. 实验室门的开启方向分内开和外开，一般向内开，但是化学、生物实验室以及有爆炸危险的房间门都应向外开。（　　）

8. 实验室通风系统一般由通风设备、通风管道、风机、控制系统等组成。（　　）

9. 进实验室后要及时熟悉水闸和电闸的位置，做到心中有数。（　　）

10. 实验室排放的气体中存在着很多有毒和腐蚀性极强的气体，因此排风口高度应做到3 m以上，然后可直接排放。（　　）

11. 实验室的气体报警装置要定期检查，检查性质是否良好，是否有故障。（　　）

二、单项选择题

1. 根据《分析实验室用水规格和试验方法》（GB/T 6682—2008）的规定，实验室用水分为3个级别，其中要求最严格的是（　　）。

A. 一级水　　B. 二级水　　C. 三级水　　D. 蒸馏水

2. 观察法是实验室常见的气体检漏方法之一。下列气体不适合用观察法的是（　　）。

A. 氮气　　B. 二氧化碳　　C. 氧气　　D. 氯气

3. 实验室门的尺寸设计，其高度应不低于（　　）m。

A. 1.0　　B. 1.8　　C. 2.1　　D. 2.4

4. 实验室窗台的设计应满足一定的要求，窗台离地以不低于（　　）m为宜。

A. 1.0　　B. 1.8　　C. 2.1　　D. 2.4

5. 实验室操作台进行有机化学实验或长时间蒸馏的实验，适宜选用（　　）。

A. 万向排气罩　　B. 原子吸收罩　　C. 鼓风干燥柜　　D. 桌面通风罩

6. 实验大楼安全出口的疏散门应（　　）。

A. 自由开启　　B. 向外开启

C. 向内开启　　D. 关闭，需要时可自行开启

7. 实验室、办公室等用电场所如需增加电气设备，以下说法正确的是（　　）。

A. 老师自行改装

B. 学生可以自行改接

C. 须经学校有关部门批准，并由学校指派电工安装

D. 学生和老师商量后自行改装

8. 李铭在化学实验室做污水中 COD 含量的测定，刚开始回流时，同学叫他去打篮球，以下李铭的做法中正确的是（　　）。

A. 回流要 2.5 h，可以先去打篮球

B. 先关掉电炉，停止实验，打完球再接着做实验

C. 继续做实验，做完实验后有时间再去打篮球

D. 不去打篮球，但是心里一直想着打篮球的事，心不在焉地做实验

9. 实验室的通风方式一般有局部通风和全室通风。局部通风是有害物质产生后就近排出，以较少的风量排走大量的有害物质，节约能源且效果好，能够改善现有的实验室条件，经济且可行。下面不属于局部通风设备的是（　　）。

A. 通风柜　　B. 原子吸收罩　　C. 万向排气罩　　D. 风扇

10. 实验室经常用到各种气体中，属于有毒气体的是（　　）。

A. 二氧化碳　　B. 高压氮气　　C. 氯气　　D. 硫化氢

三、多项选择题

1. 实验室的通风方式一般有局部通风和全室通风，以下属于局部通风设备的有（　　）。

A. 万向排气罩　　B. 原子吸收罩　　C. 鼓风干燥柜　　D. 桌面通风罩

2. 实验室供电系统是实验室最基本的条件之一。下列关于实验室供电的说法中，正确的有（　　）。

A. 每个实验室要配备三相和单相供电线路，来满足不同实验设备的需求

B. 每个实验室要设置电源总开关，方便控制实验室电路

C. 实验室的供电线路要采取保护措施，例如，所有实验室应安装防爆开关、防爆灯

D. 电源插座应远离水盆和煤气、氢气等喷嘴口，并不影响实验台仪器的放置和操作

3. 实验室用气主要由不燃、惰性、易燃、助燃气体等组成。以下属于易燃气体的有（　　）。

A. 二氧化碳　　B. 氢气　　C. 一氧化碳　　D. 氧气

4. 实验室供水应满足实验室用水需求，实验室用水主要分为 3 个方面，包括（　　）。

A. 实验过程用水　　B. 日常用水　　C. 消防用水　　D. 超纯用水

5. 实验室供水要保证必需的水压、水质和水量，以满足仪器设备正常的需要。实验室供水方式有（　　）。

A. 直接供水　　　　B. 高位水箱供水

C. 混合供水　　　　D. 加压泵供水

四、简答题

1. 实验室的通风系统由哪些部分组成？常见的通风设备有哪些？

2. 实验室用水安全十分重要，实验室内排水管道的布置必须符合哪些要求？

五、案例分析

2019 年 12 月，北方某学校化学化工学院实验室发生爆炸，造成 2 人重伤、3 人轻伤的严重后果。后经查明，该事故是氢气泄漏造成的爆炸。氢气钢瓶没有配置回火防止器及报警装置，没有实现人气分离；冬天天气寒冷，房屋密闭，气体泄漏，人离开实验室的时候没有检查，夜间氢气浓度达爆炸极限，白天操作开关产生火花引爆。

通过上述案例，请回答下面的问题：

1）实验室常用的气体中哪些是有毒有害的，哪些是易燃易爆的？

2）氢气泄漏危害极大，检验气体泄漏的方法有哪些？

3）实验室有毒有害、可燃气体的泄漏对实验室的安全造成巨大的危害。离开实验室之前要做什么？

实训3-3　实验室的安全检查

一、实训目的

1. 能够设计实验室安全检查表。
2. 能够根据安全检查表检查实验室的安全。
3. 能够养成安全检查的习惯。

二、器材准备

空的检查表、签字笔等。

三、实训内容与步骤

1. 设计安全检查表

小组合作，设计安全检查表，见表3-3-5。

表3-3-5　　安全检查表

序号	项目	内容	判断
1	水		
2			
3	仪器设备		
4			
5			
6			
7			
8	门		
9			
10	窗		
11			
12	气		
13			

续表

序号	项目	内容	判断
14	化学试剂		
15			
16			

2. 根据检查表检查实验室的安全情况

3. 根据检查情况进行整改（见表 3-3-6）

表 3-3-6　实验室安全检查问题点

序号	问题清单	整改措施	责任人	完成时间

参考文献

［1］李志刚，王桂梅，张一帆．实验室安全技术［M］．北京：化学工业出版社，2021.

［2］北京大学化学与分子工程学院实验室安全技术教学组．化学实验室安全知识教程［M］．北京：北京大学出版社，2012.

［3］秦静．危险化学品和化学实验室安全教育读本［M］．北京：化学工业出版社，2017.

［4］顾小焱．化学实验室安全管理［M］．北京：科学技术文献出版社，2017.

［5］胡洪超，蒋旭红，舒绪刚．实验室安全教程［M］．北京：化学工业出版社，2019.

［6］李玉贤，纪宝玉，王磊．化学实验室安全操作技术与防护［M］．北京：中国中医药出版社，2020.

［7］丁玉英．化学实验基本操作技术［M］．北京：化学工业出版社，2021.

［8］陆明昌，马江燕．化学实验基本操作［M］．武汉：华中科技大学出版社，2012.

［9］王炳强，谢茹胜．世界技能大赛化学实验室技术培训教材［M］．北京：化学工业出版社，2020.

［10］化学工业职业技能鉴定指导中心．世界技能大赛赛项指导书化学实验室技术［M］．北京：化学工业出版社，2021.

［11］人力资源社会保障部教材办公室．安全生产［M］．北京：中国劳动社会保障出版社，2019.

［12］北京市安全生产协会．安全生产培训教师教程［M］．北京：中国环境出版社，2013.

［13］姜周曙．中小学常用危险化学品安全使用手册［M］．北京：化学工业出版社，2021.